"少儿万有经典文库"学术顾问

周忠和
中国科学院院士
美国国家科学院外籍院士
古生物学家
中国科普作家协会理事长

金 波
著名诗人、儿童文学作家
首都师范大学教授

肖培根
中国工程院院士
中国医学科学院药用植物研究所名誉所长

林 群
中国科学院院士
数学家

华觉明
科学史家
国家非物质文化遗产保护工作专家委员会委员

张 希
中国科学院院士
吉林大学校长

张柏春
中国科学院自然科学史研究所所长

王守春
历史地理学家
中国科学院研究员

◦◦ 叶裕民 ◦◦ | 经济学家
中国人民大学教授、博士生导师

◦◦ 刘冠军 ◦◦ | 首都经济贸易大学马克思主义学院院长、教授、博士生导师

◦◦ 苟利军 ◦◦ | 中国科学院国家天文台研究员
中国科学院大学天文学教授

JIUZHANG SUANSHU SHAO'ER CAIHUI BAN

九章算术 少儿彩绘版

郭书春 著 上 超 绘

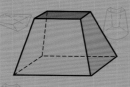 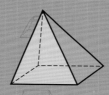

 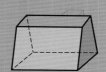

接力出版社
Publishing House

图书在版编目（CIP）数据

九章算术：少儿彩绘版 / 郭书春著；上超绘 . —南宁 : 接力出版社, 2022.1
（2024.4重印）
（少儿万有经典文库）
ISBN 978-7-5448-7432-8

Ⅰ.①九… Ⅱ.①郭… ②上… Ⅲ.①古典数学—中国 ②《九章算术》—
少儿读物 Ⅳ.①O112-49

中国版本图书馆CIP数据核字（2021）第196036号

责任编辑：车 颖　　美术编辑：刘 悦
责任校对：阮 萍 王 蒙 杨少坤 张琦锋　　责任监印：刘宝琪
社长：黄 俭　　总编辑：白 冰
出版发行 接力出版社　　社址：广西南宁市园湖南路9号　　邮编：530022
电话：010-65546561（发行部）　　传真：010-65545210（发行部）
网址：http://www.jielibj.com　　电子邮箱：jieli@jielibook.com
经销：新华书店　　印制：北京瑞禾彩色印刷有限公司
开本：889毫米×1194毫米　1/16　　印张：8.5　　字数：150千字
版次：2022年1月第1版　　印次：2024年4月第6次印刷
印数：23 501—28 500册　　定价：88.00元

序一

中国是唯一传承从未中断的世界文明古国，数学是中国古代最为发达的基础科学学科之一，从公元前3世纪至14世纪初一直领先于世界数坛，在世界数学发展中占据主流。西汉编订、三国魏刘徽注的《九章算术》，历来被尊为算经之首。它与古希腊的《几何原本》东西辉映，是世界古代文明史上最重要的两部数学经典。

《九章算术》分为方田、粟米、衰分、少广、商功、均输、盈不足、方程、勾股九章，构筑了中国古典数学的基本框架，深刻影响了中国乃至东方两千年间的数学发展。它记载了世界上最早、最完整的分数四则运算法则、比例和比例分配算法、盈不足算法、开方法、线性方程组解法、正负数加减法则以及各种解勾股形方法、勾股数组的通解公式等重要成就。刘徽注全面论证了《九章算术》和他自己提出的算法，奠定了中国古典数学的理论基础，形成了一个体系。他使用的极限思想和无穷小分割方法超越了古希腊的同类思想，有的已经深入到近代数学大师才触及的领域。他在中国首创了求圆周率近似值的科学程序，这是让后来的祖冲之（429—500）在圆周率计算上领先世界约千年的基本理论和方法。

《九章算术》与人们生产、生活的实际密切相关，以计算为中心，算法具有程序化、机械化的特点，对当今的中小学数学教学乃至数学前沿研究仍有启迪作用。吴文俊先生就是受《九章算术》程序化、机械化思想的启发，开创了数学机械化证明。20世纪初中国数学融于统一的世界数学，是历史的进步。但是从那时起在中国通行的数学教材全盘西化，将中国古典数学的一些长处，也统统弃之不用，则是不妥当的。比如20世纪30年代之后某些数学趣味读物津津乐道的印度莲花问题，实际上是对《九章算术》中"引葭（jiā，初生的芦苇）赴岸问"的改写，却晚出现近千年。我们数典不能忘祖。

由于中国古典数学在20世纪初中断，《九章算术》中的许多数学术语与现在通用的许多数学术语迥然不同，今天读来十分难懂，对少年儿童而言更是如读天书。《九章算术（少儿彩绘版）》的作者郭书春教授长期从事中国数学史研究，对《九章算术》及其刘徽注的研究更有突出贡献。这本书生动有趣的文字和精美的插图，能够让少年儿童快速了解《九章算术》一书的主要内容及其价值。我由衷地希望我们的青少年通过阅读本书，了解我们的先人对数学的杰出贡献，能发扬祖先的优秀文化成果，增强文化自信心和民族自豪感，立志长大之后为祖国的繁荣昌盛添砖加瓦。

中国科学院院士

林群

2020年6月12日

序二

《九章算术》是中国传统数学最重要的经典。通行的版本包括公元前1世纪中叶编成的《九章算术》本文、公元263年刘徽所作的注和公元7世纪李淳风等的注释。《九章算术》包含非常丰富的数学知识，其中包含现代中小学数学的大量内容。

其实，《九章算术》中有不少内容在当时世界上是非常先进的，比如相当于现代线性方程组的方程，正负数概念，具有普遍应用性的盈不足方法，完整的开平方、开立方程序，各种比和比例算法等。《九章算术》的本文采用术文统率例题的形式，包含各类应用算法，形成了中国传统数学的基本框架。刘徽则较为全面地论证了这些算法的正确性，为之奠定了理论基础。他还提出了无限分割等重要思想和方法，泽被后世。初唐时李淳风等注释十部算经，其注本成为唐代国子监算学馆的重要教材和科举考试中明算科的主要考试用书，并影响到后世的数学教育。十部算经中最重要的著作正是《九章算术》。

20世纪初以来，中国数学很快汇入世界数学的大潮。中国古代数学作为知识传统已然中断，但先贤们的历史贡献不可磨灭，他们的智慧和创造精神应该发扬光大。著名数学家吴文俊院士就曾受到中国古代数学的影响，提出了数学机械化的思想，树立了古为今用的典范。显然，普及中国古代数学知识不仅具有历史意义，也具有现实意义。

本书作者郭书春先生，长期研究中国古代数学史，成就卓著，对《九章算术》和刘徽的研究更是享誉海内外。他主编的《中国科学技术史·数学卷》荣获中国史学最高奖——郭沫若中国历史学奖一等奖。除了学术研究之外，他还致力于中国古代数学的科普工作，让当代读者也能理解中国古代数学，领略优秀传统文化的魅力。当然，对于今天的中小学生来说，中国古代数学著作有些晦涩难懂。这本《九章算术（少儿彩绘版）》图文并茂，生动形象，深入浅出，相信一定会受到孩子们的欢迎。在强调文化自信的今天，这部科普力作的重要价值是不言而喻的。特此推荐。

中国科学院自然科学史研究所所长

张柏春

2020 年 6 月 15 日

目 录

什么是数与算术

数是从哪里来的

现在的数学在先秦通常被称为"数"。《周髀算经》记载，在公元前11世纪，周初的大政治家周公听说商高精通数学，便向他请教："请问：数是从哪里来的？"商高回答说："数的方法来自圆方。圆来自正方形，正方形来自矩形，矩形来自九九乘法表。"然后商高阐发了通过"折矩"得出"勾三、股四、弦五"这一勾股定理特例的道理，并且说："所以大禹用矩和九九治理天下，这是数学产生的根源。"周公听后，发出了赞叹："伟大啊，数学。"

《周髀算经》是我国最早的一部数理天文学著作，记载了公元前11世纪周初周公向商高请教数学问题和公元前5世纪陈子教诲荣方两次重大数学活动，以及若干天文问题。圆方是表示圆与正方形的关系的术语，商高说："正方形中有一个内切圆就称为圆方，圆中内接一个正方形就称为方圆。"商高又被称为殷高，是商末周初的数学家。

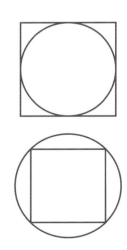

据《周礼》中说，数学在西周初年就被列为贵族子弟接受教育的六门科目"六艺"——"礼、乐、射、御、书、数"之一。

它有九个分支，被称为"九数"，这表明数学在当时已经初步成为一门学科。不过当时"九数"的

内容尚不清楚。"数"最重要的功能就是数的计算，计算"数"自然就是"算数"。《世本》中说"隶首作算数"，相传隶首是黄帝时负责数学的大臣。

算术就是计算数的方法

算数就是计算数，这种方法在唐朝之前被称为"术"，也就是"算数之术"。《周髀算经》记载，陈子在教导荣方时说："算术，需要运用智慧。""计算数的方法"就是"算术"。

既然需要计算，数学也就被称为"算"。三国魏刘徽说编纂《九章算术》的张苍、耿寿昌"善算"，也就是精通数学。计算当然是"数"的运算，因此数学又被称为"算数"或者"算学"。隋唐时国子监就设立了算学馆。

因此，"算术""算数""算学"等对应的是英文中的mathematics（数学），而不是arithmetic（算术），包括今天数学教科书中的算术、代数、几何等方面的内容，在如今的初等数学范围之内。

西汉之后又有"数术"的叫法，当时数学著作被归于"数术"中的历谱类。到了北宋，数术开始被称为"数学"，不过作为易学的一个分支，其中既包含今天的数学，又含有象数学的内容。象数学是中国古代把物象符号化、数量化，用以推测事物关系与变化的一种学说。此后"算学""数学"一直并用，直到1939年中国数学会决定废止术语"算学"，只用"数学"。

什么是规矩与度量

没有规矩不能成方圆

人类在与自然的接触中，逐渐形成图形的观念。树木、稻禾的茎秆都是竖直的，满月挂在空中、太阳东升西落，满月和太阳都是圆形的。因此，人们最先认识的图形是直线与圆，后来又有了正方形、三角形等。在距今七八千年的裴李岗文化和晚一些的河姆渡、崧泽、仰韶文化遗迹中，都有方形和圆形房屋地基和器物遗存，裴李岗等文化遗迹中的三足炊煮器说明古人对三点共面已经有了一定认识。

三足炊煮器

中国古代一向用规画圆，用矩画方，因此才有"没有规矩不能成方圆"。"规矩"后来成为描绘中华传统道德或规章制度的术语。关于规、矩起源于什么时候，历来有不同的看法。相传黄帝时的倕（chuí）① 发明了规、矩、准绳，甚至还有人说是人文始祖伏羲、女娲发明了规、矩。下图就是山东省嘉祥县武梁祠汉代画像砖上的伏羲手执矩、女娲手执规图。

---

① 也有说倕是尧舜时代的人。

《周髀算经》记载，周公向商高请教：
"请问矩应该如何使用呢？"

商高说："将矩的一边水平放置，由另一边就
可以判定绳子是否垂直。"

"由矩垂直的一边可以测量某物的高度。把上
述测高的矩颠倒过来，就可以测量某物的深度。"

"如果将矩平放在平地上，就可以测量两地间
的距离。"

"将矩旋转一圈，就可以得到圆。将两个大小
相同的矩拼在一起，就成为长方形。"

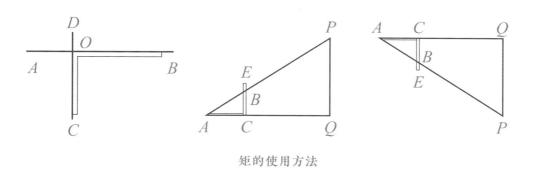

矩的使用方法

连接矩的两顶点，就可以成为一个三角形。商高还概述了用矩测高望远的方法，其中
用到了类似勾股形对应边成比例的原理，这一部分我们留到后面再讲。

王莽铜斛

王莽铜尺

度量产生数量关系

用尺度度量某物的长短，用升斗度量某物的多少，用权称称量某物的轻重，就产生了数量。《尚书·尧典》说帝舜时"同律度量衡"，说的就是在原始社会末期，舜帝组织规范度量衡制度的活动。"度"是尺度，用以测量东西的长短；"量"是测量东西多少的器物，如升、斗、斛之类；"衡"是称量东西轻重的器物，如权、秤、天平等。

随着历史的演进，度、量、衡的度量越来越大，各地使用的标准也出现了很大差距，有作为的皇朝都会对度量衡进行统一。秦始皇统一度量衡，在中国历史上就产生了极大的影响。新莽时期也制造了标准度量衡器具颁行全国，分别被称为王莽铜尺、王莽铜斛和王莽铜权。

利用度、量、衡器具度量东西，就可以得到数量，进而建立各种数量之间的关系。前面讲的进行计算的数，便是由此得到的。长度的单位有忽、丝、毫、厘、分、寸、尺、丈、引等，均是十进。面积是长度的平方，体积是长度的立方，但在中国古代，面积和体积的单位的记法与长度单位相同，同样是忽、丝、毫、厘、分、寸、尺、丈、引等，需要通过上下文来分辨单位的具体含义，但其进位制度则自然分别为百进、千进。

十进位值制记数法、算筹与筹算

世界上最方便优越的记数法：十进位值制

① 十进制

　　我们现在在算术中使用的都是十进制。我国在商周时期就开始使用十进制了，那时的甲骨文数字是现存最早的关于十进制记数法的资料。甲骨文是用龟甲和兽骨进行占卜的记录，甲骨文的正文中出现的数字非常多，最大的数是三万。从一到四都是笔画累计而成，与算筹形状一样；用来表示五至十的符号，一般认为是假借字，但具体细节上各家的观点有些不同。

　　有的甲骨中将11、12、13、14、15、16、19分别写作 $\lfloor$、$\lfloor$、$\underline{\underline{\lfloor}}$、$\underline{\underline{\equiv}}$、$\underline{\text{x}}$、$\underline{\text{介}}$、$\underline{\text{方}}$。可见，甲骨文中就已使用十进制记数法，从最小的基数1起到10，及100、1000、10000都有专门的符号。利用这13个符号，可以表示100000以内的任意自然数（除了0）。

一	二	三	亖	区	介	十	八	艿	l	U	Ш	Ш	土	亦	千	水	百
1	2	3	4	5	6	7	8	9	10	20	30	40	50	60	70	80	100

百	百	百	百	百	百	百	千	千	千	千	千	千	万	万
200	300	400	500	600	800	900	1000	2000	3000	4000	5000	8000	10000	30000

其实，在人类文明中出现过各种进位制。电源只有开与关两个选项，因此在电脑设计中使用的是二进制。我们常会听到"半斤八两"这个成语，表示两者相等或相当。半斤为什么会是八两呢？原来我国几千年来都是使用16两等于1斤的十六进制。直到20世纪50年代，政府才通令改为十进制的10市两等于1市斤。我国古代还有六十进制，如用天干地支纪年，就是六十进制，所谓"六十年一甲子"。古巴比伦也采用六十进制。

② 十进位值制

我们知道，同一个数字1，放在个位上表示1，放在十位上就表示10，放在百位上表示100，以此类推，这叫作位值制。我国古代一直使用十进位值制，这是世界上最方便、最优越的记数制度。古巴比伦也使用位值制，不过是六十进制的；古希腊、古罗马虽然使用十进制，但又不是位值制，他们的1，10，100……都使用了不同的符号，都不如我国的十进位值制优越。

甲骨文数字和商周青铜器上的数字（称为金文数字）已经有了十进位值制的萌芽。十进位值制记数法是什么时候完成的，已不可考。《墨子·经下》中说："一少于二，而多于五，说在建位。"《墨子·经说下》中说："五有一焉，一有五焉，十二焉。"两者都反映了墨家在十进位值制记数法中，对同一数字在不同的位置上表示不同的数值的认识。其中前者的意思是：1在个位上表示1，这时它小于2；而1在十位上时表示10，这时它大于5。后者的意思是：从个位看1，5中包含1；从十位看1，因为10有两个5，所以1中包含5。可见最晚在春秋时期，十进位值制记数法已经相当完善了。

中国古典数学的主要计算工具：算筹

1 算筹

　　算筹又被称为算、筹、策、算子等，一般用竹子或木头制成，也有用象牙或骨制的。算筹是中国古代的主要计算工具。《老子》中说："善计不用筹策。"就是说，特别擅长数学的人在进行计算的时候可以不使用算筹。《左传·襄公三十年》中记载了一个关于"亥"字的字谜，是说有人问一位老先生的年纪，老先生说是"亥"字。史赵说："'亥'的头是'二'，身体是'六'，下面两条腿如同身体，这就是他年岁的日数。"大夫士文伯说："那么是26660日。"因为"亥"字拆开来为"二ㄒ⊥ㄒ"，二代表数字"2"，ㄒ和⊥都代表数字"6"，连起来就是2666，十日为一旬，算下来就是26660日。当时一年约为360日，那么他74岁有余。以算筹为字谜，说明它早已被普遍使用。

算筹

20世纪以来，在战国秦汉墓葬中发现的算筹很多，在陕西旬阳县发现的西汉算筹，其形制与《汉书·律历志》关于算筹"径一分，长六寸"（分别相当于现在的0.23厘米和13.8厘米）的记载基本一致。但最初的算筹太长，致使布算面积过大，又因为其截面为圆形，容易滚动，因此后来算筹逐渐变短，截面也由圆变方。20世纪70年代末石家庄东汉墓出土的算筹截面已变为方形，长度缩短为8.9厘米左右。而且为了摆出整齐的数字，算筹实际上是长短不齐的，而不像《汉书·律历志》中所记载的那样整齐划一。

② 算筹数字

现存资料中，算筹数字的记数法则最先出现于《孙子算经》卷上，而《夏侯阳算经》中的记载更为完整："一从十横，百立千僵，千十相望，万百相当。满六以上，五在上方。六不积算，五不单张。"因此，算筹数字以纵横两种方式摆放，纵式表示个位数、百位数、万位数……横式表示十位数、千位数、十万位数……1—9的算筹数字与阿拉伯数字对应如下：

数字	1	2	3	4	5	6	7	8	9
横式	一	二	三	≣	≣	⊥	⊥	≜	≣
纵式	│	‖	‖‖	‖‖‖	‖‖‖‖	⊤	⊤⊤	⊤⊤⊤	⊤⊤⊤⊤

用纵横相间的算筹，加上表示0的空位，可以表示出任何自然数、分数、小数、负数、一元高次方程、线性方程组与多元高次方程组。这种记数法十分便于进行加减乘除四则运算，加之汉语中的数字都是单音节，容易编成口诀，促进了筹算的"乘除捷算法"向口诀的转化，最迟在南宋时期出现了珠算。

中国古典数学长期领先于世界数坛的计算方式：筹算

　　用算筹进行计算，就是筹算。《九章算术》中的分数的四则运算、比例算法、衰（cuī）分术、盈不足术、开方术、方程术、正负术、面积和体积公式、计算圆周率近似值的程序，以及宋元时期的高次方程数值解法、天元术、四元术、一次同余方程组解法、垛积术和招差术等中国古典数学的主要成就，大都是通过筹算完成的。不过，也有筹算无法解决的问题，正如刘徽在注解无穷小分割方法时所指出的："数而求穷之者，谓以情推，不用筹算。"意思是说，对于数学中涉及无穷的问题，就需要通过推理而非筹算来解决问题了。

《九章算术》是一部什么样的书

说到《九章算术》，我们都知道。中小学数学教科书和历史教科书都会讲到它，中考的数学和历史试卷，甚至高考的试卷中也常会出现它的身影。可是，《九章算术》到底是一部什么样的书呢？

《九章算术》中的"九章"是哪九章？

《九章算术》，顾名思义含有九章，也就是九卷，分别是：卷一方田、卷二粟米、卷三衰分、卷四少广、卷五商功、卷六均输、卷七盈不足、卷八方程、卷九勾股。

方田的本义是长方形的田地。这一章的主要内容是各种平面图形的面积公式和分数四则运算法则。

粟米的本义是谷子，也可泛指谷类、粮食。这一章的主要内容是粟米交换，提出了比例算法。

衰分的本义是按等级分配。这一章的主要内容是比例分配算法，还有若干用比例算法解决的问题。

少广的本义是小广。少广术是已知1亩田，其广（宽）为（$1+\frac{1}{2}$）步，（$1+\frac{1}{2}+\frac{1}{3}$）步……($1+\frac{1}{2}+\cdots+\frac{1}{12}$)步，分别求其长，因为其广（宽）比其长小得多，故名，这是面积问题的逆运算。少广章还有开方术和开立方术，也就是面积、体积问题的逆运算，其中有世界上最早的开平方与开立方程序。在先秦，人们特别重视少广，北京大学藏秦简《算书》中陈起说："少广就像数学的市场，学习者所需要的数学知识没有不包括在其中的。"

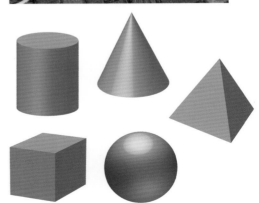

商功的本义是商议工程量，也就是工程量和人工的分配算法。当然，为此必须先知道各种立体图

形的体积公式。

均输是中国古代处理徭役、赋税的合理负担的数学方法。"均"是均等，"输"是运输。这一章还有一些算术难题。

盈不足章中求解的是现在所说的盈亏类问题，以及一些化成盈亏类问题来求解的数学问题。

方程是中国古典数学中的重要科目。这一章中包括了线性方程组的解法和列方程的方法，以及正负数加减法则。

勾股形就是直角三角形，这一章包括勾股定理、各种解勾股形的方法、勾股数组、勾股容方、勾股容圆和简单的测望问题。

方田、粟米、衰分、少广、商功、均输、盈不足、方程、勾股（原为旁要）合称为九数。

《九章算术》中出现了世界上最早的分数四则运算法则、比例分配算法、开方术、盈不足术、线性方程组解法、正负数加减法则、解勾股形方法和勾股数组通解公式等，在世界数学史上占有重要地位。

《九章算术》成书时，古希腊数学已越过它辉煌的高峰，世界数学研究的重心从地中海沿岸的泛古希腊地区，转移到了太平洋西岸的中华大地。直到14世纪初，中国古典数学一直处于世界数学发展的前列，是世界数学发展的主流。

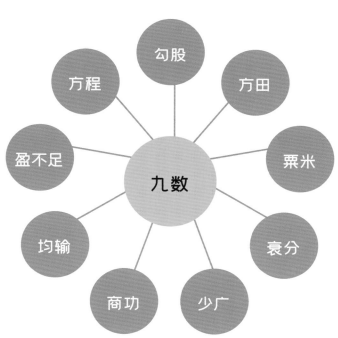

狭义和广义的《九章算术》

《九章算术》到底是一部什么样的书？就内容而言，它有狭义和广义两种含义。狭义的《九章算术》，仅指《九章算术》本文；广义的《九章算术》还包括刘徽注与李淳风等的注释。说到《九章算术》的编纂、特点等时，常用其狭义的含义；说到《九章算术》的版本、校勘等时，则常用其广义的含义；而说到它的成就、影响和在中国数学史、文化史乃至在世界数学史上的地位等时，则兼而有之。

《九章算术》是一部应用问题集吗？

人们常说《九章算术》是一部应用问题集，都是"一题、一答、一术"。其中的术都是应用问题的具体解法。可是实际上并不是这样的，其中术与题、答的关系相当复杂，大体说来，有两种情形。

① 术文统率例题的形式

以卷九勾股章的开篇为例。

今有勾三尺，股四尺，问：为弦几何？
答曰：五尺。
今有弦五尺，勾三尺，问：为股几何？
答曰：四尺。
今有股四尺，弦五尺，问：为勾几何？
答曰：三尺。
勾股术曰：勾、股各自乘，并，而开方除之，即弦。
又，股自乘，以减弦自乘，其余，开方除之，即勾。
又，勾自乘，以减弦自乘，其余，开方除之，即股。

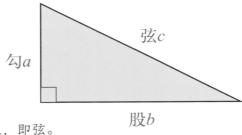

"几何"是中国古典数学的发问语，就是"是多少"的意思。显然，这里根本不是"一题、一答、一术"，而是先列出"已知勾、股、弦三者之二，分别求另一个"的三个例题，然后给出总的解法即勾股术。

勾股术非常抽象、概括，具有普适性，换成现代符号就是公式，当然不是具体问题的算草。若记勾为a，股为b，弦为c，则勾股术就是：

$$\sqrt{a^2+b^2} = c; \qquad\qquad (2\text{-}1)$$

$$\sqrt{c^2-b^2} = a; \qquad\qquad (2\text{-}2)$$

$$\sqrt{c^2-a^2} = b。 \qquad\qquad (2\text{-}3)$$

也就是现今的勾股定理。

此外，卷一方田章、卷二粟米章、卷四少广章、卷五商功章、卷七盈不足章、卷八方程章的全部，以及卷三衰分章的衰分问题，卷六均输章的均输问题，勾股章的勾股容方、容圆和测邑五术等，也都采用了这种体例，共82术，196道题目，约占全书篇幅的80%。在这里，术文是中心，是主体，抽象严谨，而且具有普适性，换成现代符号就是公式或运算程序。题目是作为例题出现的，依附于术文。所以，我们把这种形式称为术文统率例题的形式。这些抽象的术文，是数学理论的体现。

② 应用问题集的形式

《九章算术》中也确实存在"一题、一答、一术"的体例，以题目为中心，术文只是题目的解法或演算细草内容。《九章算术》中共有50个这样的应用问题，比如均输章凫雁问。

假设有一只野鸭自南海起飞，7日至北海；一只大雁自北海起飞，9日至南海。如果野鸭、大雁同时起飞，问：它们多少日相逢？

答：$3\frac{15}{16}$日。

算法：将日数相加，作为除数，使日数相乘，作为被除数，被除数除以除数，就得到相逢的日数。

由此可见，不能将整个《九章算术》概括为"一题、一答、一术"的应用问题集。数学史上起码存在过三种不同体例的著作。一种是像古希腊欧几里得《几何原本》那样，全书形成一个公理化体系。一种是像古希腊丢番图《算术》那样的应用问题集，有人说，解了它100个题目，也还是不知道第101个题目怎样解；中国的《孙子算经》等也属于此类。《九章算术》的主体部分不同于这两者，属于第三种，即术文统率例题的形式。

《九章算术》的成书是中国古代数学体系形成的标志吗?

有人说《九章算术》的成书标志着中国古代数学体系的形成。这种说法并不完全正确。

首先，九章的名称有的是以实际应用命名，如方田、粟米、商功、均输等章，有的是以数学方法命名，如衰分、少广、盈不足、方程、勾股等章，并没有一个统一的标准。其次，《九章算术》中各章内容相互交错，例如，衰分章有11个问题不属于衰分类问题，均输章中大部分问题也不属于均输类，只有4个问题和均输相关。另外，《九章算术》也没有对任何数学概念给出定义。

最重要的是，一个科学体系，除了要有概念和命题外，还必须使用逻辑方法对这些命题进行论证。对数学而言，主要使用的应该是演绎逻辑。然而，《九章算术》中没有任何推导和证明。这是《九章算术》最大的弱点。因此，不能说《九章算术》的成书意味着中国古代数学理论体系的形成。

应该说，《九章算术》构筑了中国古典数学的基本框架。这个框架以"九数"为主体，它影响了此后两千年间的中国乃至东方的数学。《九章算术》成书之后，有很大一部分中国古典数学的著述是以为《九章算术》作注的形式呈现的。各种《九章算术》注本是二十四史中《艺文志》《经籍志》的重要内容，可惜大部分现在都已失传。

现存最重要的《九章算术》注本有三国魏刘徽的《九章算术注》、唐李淳风等的《九章算术注释》、北宋贾宪的《黄帝九章算经细草》（11世纪上半叶）和南宋杨辉的《详解九章算法》（1261年）。

《九章算术》的编纂

《九章算术》的编纂过程是数学史上几百年来人们争论最多的问题之一。由前面的分析可以看出，《九章算术》并非一人一时的著作，而是几代人经过不断增补而成的。

从"九数"发展而来的《九章算术》

1 光和大司农铜权的记载

《九章算术》的书名在现存资料中最早见于东汉灵帝光和二年（179年）制造的大司农铜权的铭文中。大司农是汉代朝廷管理国家财政的官职，为九卿之一。权的本义是黄花木，因其坚硬、难以变形，被用于秤之杆、锤之柄，又被引申为衡器，即秤锤。《汉书·律历志》中提到，要慎重地制造衡器和量器，用它们度量某物的多少要做到圭撮（guīcuō）不差，用它们称量某物的轻重要做到黍絫（shǔlěi）不差。圭撮是很小的容量单位，黍絫是很小的重量单位。也就是说，制造衡器和量器的时候要极尽精确。大司农铜权是当时的全国财政经济主管大司农制造的标准衡器，其上有铭文：

光和大司农铜权

> 依黄钟律历、《九章算术》，以均长短、轻重、大小，用齐七政，令海内都同。

这表明，《九章算术》在公元2世纪就已经成为制造度量衡器的标准，因此，它的成书时间应该在更早之前。

2 刘徽的论述

现存资料中，最早提及《九章算术》编纂过程的是三国魏的刘徽。他在《九章算术序》中说："周公制定礼乐制度时产生了九数，九数经过发展便成为《九章算术》。但因残暴的秦朝焚书而散坏。后来，西汉以擅长算学而闻名于世的北平侯张苍、大司农中丞耿寿

姬旦

昌皆凭借残缺的原有文本，进行删削补充，成了现在的《九章算术》。所以对校它的目录，则有的地方与古代不同，而论述中所使用的大多是更近代化的语言。"

周公是周武王的弟弟姬旦，西周初期杰出的政治家、军事家、思想家、教育家，因为他的封地在周，爵为上公，所以被称作周公。他辅佐武王讨伐商纣。武王之后，他在辅佐成王执政的七年中，制定了一套礼乐制度。相传，由他所作的《周礼》中，就曾提及"九数"，但并未对其进行详细解释。东汉末的郑玄在《周礼注》中引东汉初郑众的说法，认为"九数"为方田、粟米、差分、少广、商功、均输、方程、赢不足、旁要，今有重差、夕桀、勾股。周公制礼时的数学有被称为"九数"的九个分支，虽不完全与郑众所说的"九数"相同，却表明数学在周公时代已成为一门学科。而这九个分支最迟在春秋战国时期应该已发展为郑众所说的"九数"。

前面关于《九章算术》体例的分析表明，其中采取术文统率例题形式的部分覆盖了方田、粟米、少广、商功、盈不足、方程六章的全部，以及衰分章中的衰分问题，均输章中的均输问题和勾股章中的勾股术、勾股容方、勾股容圆、测望等问题。而采取应用问题集形式的内容则是衰分章中的非衰分类问题、均输章中的非均输类问题，以及勾股章中解勾股形和立四表望远等问题。若将这三章剔除这些内容，并将卷九的篇名恢复为"旁要"，则《九章算术》余下的内容不仅完全与篇名相符，而且都采取术文统率例题的形式，与郑众所说的"九数"惊人地一致。这无可辩驳地证明，郑众所说的"九数"在春秋战国时期确实存在，刘徽所说的"九数经过发展，就成为《九章算数》"是言之有据的。换句话说，在先秦确实存在着一部由"九数"发展而来的、以传本《九章算术》的主体部分为基本内容，主要采取术文统率例题的形式的《九章算术》。

后来这部《九章算术》可能在秦始皇焚书时遭到了破坏。焚书事件发生在始皇帝三十四年（公元前213年），秦始皇采纳李斯的建议，下令焚烧《秦记》以外的列国史记以

及私藏的《诗》《书》。《九章算术》是不是在焚毁之列，我们不得而知。不过《九章算术》即使没有在此时被焚毁，也难逃秦末战乱。总之，这部《九章算术》在西汉初已经散坏。直到西汉张苍（？—前152）、耿寿昌（公元前1世纪）收集残存的文本，做了删补，才成为现在的《九章算术》。

综上，刘徽关于《九章算术》编纂的论述是完全正确的。

以擅长数学而闻名于世的张苍、耿寿昌

① **何时有的上林苑？——被冤枉了200年的张苍**

《九章算术》在明代几乎失传。清代大学者戴震（1724—1777）将这部书从《永乐大典》中辑录出来并加以校勘，抄入《四库全书》、收入聚珍版丛书，其功之大，无与伦比。然而他说："现在考察《九章算术》书中有长安、上林等地名。上林苑是汉武帝时的园林，张苍在西汉初年，怎么能预先把它记载下来呢？由此可知，记述这部书的人，在西汉中叶之后了。"戴震此话一出，张苍未参与删补《九章算术》，似乎成了定论。

尽管中国数学史学科奠基人钱宝琮发现汉高祖时已有上林苑，然而他并未由此推翻戴震的看法，反而将《九章算术》的成书时代更向后推到公元1世纪下半叶。从此，张苍被赶出了著名数学家的队伍。

这是很不公正的。上林苑是皇家园林，秦始皇时便已存在。太仓是皇家粮仓，汉萧何主持建造，在长安城外东南。张苍把从太仓运送粟米到上林苑的题目编入《九章算术》与任何史实都不矛盾。张苍不仅是两汉时期最伟大的数学家，也是商高、陈子之后，刘徽之前约七百年间最重要的数学家。

张苍，阳武（今河南省原阳县东南）人，西汉初年政治家、数学家、天文学家。少年时师从荀子学习《春秋左氏传》。他在秦时为御史，掌管宫中的各种文书档案。后来他因故回到了阳武老家，之后参加了刘邦的起义军，屡建战功，被封为北平侯，同年升为管理财政的计相。吕后当政时，张苍升迁为御史大夫。吕后崩，张苍等协助周勃立刘恒为帝，是为文帝。张苍为丞相，但后与公孙臣进行水德土德的争论失败，又因用人失当受到文帝的指责，张苍于是告病辞职。公元前152年去世，享年百余岁。

西汉初年，公卿将相大部分是军吏出身，像张苍这样的学者封侯拜相，实在是凤毛麟角。司马迁说张苍好读书，无所不看，无所不通，尤其善于计算，精通律历，受高祖之命"定章程"。这是张苍最重要的科学活动，包括算学、历法、度量衡等几个方面。刘徽说张苍等以擅长算学而闻名于世，他删补《九章算术》是该书编订过程中最重要的阶段，这也是张苍"定章程"中最杰出的工作成果。

② 擅长数学、善于理财的耿寿昌

耿寿昌，数学家、理财家、天文学家，生卒年及籍贯不详，汉宣帝（前73—前49年在位）时为大

张苍

司农中丞，是刘徽所说的增补《九章算术》的第二位学者。他擅长数学，善于处理财政问题，精通工程建设和理财问题，深得宣帝的信任，被赐爵关内侯。耿寿昌还是天文历法学家，著有《月行帛图》二百三十二卷、《月行度》二卷。大司农中丞的职务方便了他收集、总结人们实际生产、生活中的数学问题，并将其加以发展、提高，这也是他对《九章算术》进行增补的得天独厚的条件。

③ 张苍、耿寿昌删补《九章算术》

因为现存资料太少，我们几乎不可能严格区分张苍、耿寿昌的工作。大体而言，首先，他们收集了秦朝焚书及秦末战乱后残遗的《九章算术》，加以删补，再译成当时的语言。其次，他们补充了若干新的方法和新的例题，有的是为已有的术文补充新的例题，更多的是补充了先秦所没有的例题及其解法。他们将这些题目分成三类：将一些简单的异乘同除类问题并入差（cī）分章；将一些比较复杂的算术问题并入均输章；将解勾股形和立四表望远等各种问题并入旁要，并将其改称"勾股"。其中，张苍应该主要是收集、整理先秦的遗残，删去一些他认为没有必要的内容，并补充一些新的题目与方法；而耿寿昌则主要是增补新的方法和例题。

耿寿昌

刘徽及其《九章算术注》

"采其所见"与数学创造——刘徽注的结构

① 刘徽注中都有什么内容

在《九章算术》中，凡是李淳风等的注释在每段开头都加了"臣淳风等谨按"字样，所以现在我们习惯上都把没有这六个字的注解看成刘徽注。那么也许有人要问，这些刘徽注都反映了刘徽的思想吗？回答是否定的。

刘徽自述："我童年的时候学习过《九章算术》，成年后又对其进行了详尽的研究。我考察了阴阳的区别、总结了算术的根源，在探究深邃道理的余暇，领悟了它的思想。因此，我不揣冒昧，竭尽愚顽，搜集所见到的资料，为它作注。"这表明，刘徽注包括两种内容：一是他所探究的《九章算术》中的深邃道理和思想，也就是他自己的数学创造；二是"采其所见"者，即他所搜集的前代和同代人关于《九章算术》的研究成果。

注意到刘徽注中包含前人研究贡献的意义十分重大。

首先，这填补了中国数学史的一些空白。比如《九章算术》中某些面积、体积公式和解勾股形公式非常复杂，但正确而抽象，不可能是由"直观"或"悟性"得出的，当时必有某种推导方法。刘徽注中以出入相补原理为基础的图验法和棋验法就是《九章算术》时代推导这些公式的方法。这对准确认识早期的中国数学史是不可多得的史料。

其次，这可以使我们准确地认识刘徽。刘徽注一方面多次严厉批评使用周三径一的做法，一方面又含有大量使用周三径一的内容。如果这全是刘徽的思想，那么刘徽就是一位成就虽大但是思想混乱的人。若在其中剔除了"采其所见"的部分，刘徽就是一位成就伟大、思想深邃、逻辑清晰的学者。

再次，这是正确校勘《九章算术》的基础。当戴震等人发现同一刘徽注中有不同思路时，便将其中之一段改成李淳风等的注释。这是200多年来对《九章算术》做出错误校勘的一个重要原因。

总之，刘徽之前的数学家，包括《九章算术》和秦汉数学简牍的历代编纂者在内，为推导、论证当时的算法付出了可贵的努力。然而，这些努力大多很朴素、很原始，许多重要算法的论证停留在归纳阶段，因而并没有在数学上被严格证明。同样，《九章算术》中的一些不准确或错误的公式没有被纠正。可以说，从《九章算术》成书到刘徽前的三四百年间，数学理论建树并不显著，数学思想和方法没有在《九章算术》基础上有大的突破，这为刘徽的数学创造留下了广阔的空间。

② 刘徽的数学创造

刘徽的创新主要体现在数学方法、数学证明和数学理论方面。

（1）刘徽大大发展了《九章算术》中的率概念和齐同原理，将其从原本应用于少量术文和题目，拓展到大部分术文和200多个题目。他指出今有术是"普遍方法"，率和齐同原理是"算之纲纪"，借助率将中国古代数学的算法提高到理论的高度。

（2）刘徽继承发展了传统的出入相补原理。他明确认识到，有限次的出入相补无法解决圆和四面体的求积问题。

（3）刘徽在世界数学史上第一次将极限思想和无穷小分割方法引入数学证明，这是他最杰出的贡献。许多希腊数学家都有无限小思想，他们认为，圆内接正多边形可以接近圆，要多么接近就多么接近，但永远不能成为圆，不过他们从未将取极限的"步骤进行到无穷"，他们不是用极限思想而是用双重归谬法证明有关命题。

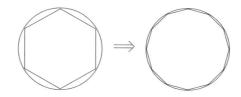

刘徽用极限思想和无穷小分割方法严格证明了《九章算术》提出的圆面积公式和他自己提出的刘徽原理，将多面体的体积理论建立在无穷小分割基础之上。刘徽极限思想的深度超过了古希腊的同类思想，已经接近了微积分学。

（4）刘徽将极限思想应用于近似计算，在中国首创求圆周率的科学方法以及开方不尽求其"微数"的思想，奠定了中国的圆周率近似值计算领先世界约千年的基础。

（5）刘徽还修正了《九章算术》的若干错误和不精确之处，提出了许多新的公式和解法，大大改善并丰富了《九章算术》的内容。

我们在后面会详细讲解这些内容。

刘徽其人

① **刘徽的生平和品格**

刘徽

1.1 刘徽是山东邹平人

史籍中几乎没有关于刘徽的籍贯、生平的记载。《宋史·礼志》算学祀典中，记载刘徽曾被封为淄乡男。我们由此推测他是淄乡人，属于今天的山东省邹平市。

刘徽所在的齐鲁地区，自先秦至魏晋，一直是中国的文化中心之一，魏晋时还是"辩难之风"的中心之一，其数学水平也居于全国的前列。两汉时期研究《九章算术》的学者许商、刘洪、郑玄、徐岳、王粲等，或在齐鲁地区活动过，或就是齐鲁地区人。刘徽的同代人，提出"制图六体"的裴秀在魏末被封为济川侯，封地在高苑县济川墟，距淄乡不远。刘徽关于率的理论及重差术是"制图六体"的数学基础。总之，淄乡的人文环境为刘徽注《九章算术》，在数学上做出空前的贡献，提供了良好的环境和坚实的学术基础。

1.2 刘徽注《九章算术》时是耄耋（ mào dié ）老人吗？

由刘徽的用语与何晏、嵇康、王弼相近，我们推断刘徽的生年大约与嵇康、王弼相同或稍晚一些，应该生于公元3世纪20年代后期至公元240年之间。也就是说，公元263年他为《九章算术》作注时仅30岁上下，或更小一点儿。

有位大画家将正在注《九章算术》的刘徽画成一位满脸皱纹的耄耋老人，并且广泛流传。这幅画像违背了历史事实和魏晋时期的精神。实际上魏晋多凤悟才子，当时的思想家、政治家、军事家、科学家大多在30岁以前就功成名就。大学者王弼被害时才23岁，诸葛亮出山时才26岁。

1.3 虚怀若谷，寄希望于后学——刘徽的品格

刘徽有着实事求是的严谨学风和高尚的道德品质。他指出《九章算术》中使用的球体

积公式是错误的。他设计了牟合方盖，指出了解决球体积问题的正确途径。虽然功亏一篑，没有找到求出牟合方盖的体积的方法，但他没有掩饰自己的不足，反而直言自己的困惑，表示"要等待有能力解决这个问题的人"，表现出了一位伟大学者实事求是的精神和虚怀若谷的胸怀。在当时流行的传说中，是黄帝时的隶首发明了数，他却说"其详未之闻也"。在描绘了堑（qiàn）堵的形状之后，他说"不知道为什么把它叫作堑堵"。整个刘徽注充满着言必有据，不讲空话的崇高精神。

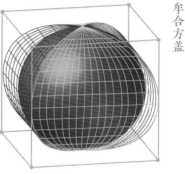

牟合方盖

② 刘徽与"辩难之风"

2.1 汉末魏晋的社会变革和思想解放

东汉末年，中国的经济、政治和社会思潮发生了重大变革。

东汉开始出现的自给自足的庄园经济由于汉末战乱和军阀混战而得到了进一步发展，到魏晋已成为主要的经济形态。与庄园经济相适应的是门阀士族制度的确立。魏、蜀、吴三国都在不同程度上以门阀士族为其统治骨干。门阀士族取代了秦汉的世家地主，占据了政治舞台的中心。

社会动乱的加剧，伦理纲常的颓败，动摇了儒学在思想界的统治地位，烦琐的两汉经学退出了历史舞台。人们试图从先秦诸子或两汉异端思想家那里寻求思想武器，作为维护封建秩序、名教纲常的理论根据，思想界面临着一次大解放。西汉独尊儒术之后受到压制的先秦诸子学说，甚至被视为异端的墨家思想，重新活跃起来。王弼（226—249）等思想家们用作谈资的《老子》《庄子》《周易》被称为"三玄"，他们的学问被称为"玄学"。玄学家们经常在一起辩论一些命题，互相诘难，被称为"辩难之风"。

玄学是研究自然与人的本性的学问，主张顺应自然的本性。探讨思维规律，成为学者们的一项重要任务，这就是"析理"。刘徽自述他注《九章算术》的宗旨便是"用言辞析理，用图形表示对立体的分解"。

数学由于是最严密、最艰深的学问，经常成为玄学家们析理的论据。思想界公认，数学家是析理至精之人。嵇康还以数学知识的尚未穷尽，说明养生的道理也不能穷尽。

2.2 刘徽的"析理"与魏晋玄学

同样，数学的发展也深受魏晋玄学的影响。刘徽析《九章算术》之理，与思想界当然有不同的内容。但是，刘徽对数学概念进行定义，追求概念的明晰，对《九章算术》的命题进行证明或驳正，追求推理的正确、证明的严谨等，与思想界的格调是合拍的。在析理的原则上，刘徽与嵇康、王弼、何晏等都认为"析理"应"简约而抓住关键""简约而能周全"，主张"举一反三""触类而长"，反对"过多的比喻"。不难看出，刘徽析数学之理，深受"辩难之风"中"析理"的影响。

事实上，刘徽不仅思想上与嵇康、王弼、何晏等有相通之处，他的许多用语、句法也都与这些思想家相近。刘徽在数学中的"析理"应是当时"辩难之风"的一个侧面，他与魏晋玄学的思想家们应该有某种直接或间接的联系。

2.3 刘徽深受先秦诸子学说的影响

"辩难之风"中活跃起来的先秦诸子学说也成为刘徽数学创造的重要思想资料。儒家在魏晋时虽有削弱，但仍不失为重要的思想流派。刘徽自然受到儒家思想的影响。他直接引用孔子的话很多，比如反映他的治学方法的"告往知来""举一反三"，他阐述出入相补

原理的"各从其类"。不过他受到《周易》《周礼》的
影响更明显,"算在六艺""周公制礼而有九数",都是
《周礼》中的记载,刘徽在为《九章算术》所作的序中
还引用了《周礼》中关于用表影测太阳高度的记载及
郑玄为其所作的注释。刘徽关于八卦的作用及两仪四
象的论述,反映他的分类思想的"方以类聚,物以群
分",反映其治学方法的"引而申之""触类而长之",
治学中要"易简"的思想,反映他对"言"与"意"
关系的"言不尽意",等等,都来自《周易·系辞》。

道家在汉以后成为中国封建社会统治思想的一部
分。"辩难之风"的三玄中,专门的道家著作占了两
部,即《老子》《庄子》,《周易》则是各家都尊崇的经
典。《九章算术》方程章建立方程的损益术与《老子》
的有关论述相近。刘徽说应该像庖丁了解牛的身体结
构那样了解数学原理,应该像庖丁使用刀刃那样灵活
运用数学方法,其中庖丁解牛的典故便出自《庄子·养
生主》。刘徽在使用无穷小分割方法证明刘徽原理时提
出的"至细曰微,微则无形",也源于《庄子·秋水》
中"至精无形""无形者,数之所不能分也"。

不过,在先秦诸子中,刘徽最推崇的是墨家。刘
徽在为《九章算术》所作的序及注中大量引用了先秦
典籍,但是,明确提及书名的只有《周礼》《春秋左
氏传》及《墨子》这三部。刘徽割圆术中的"割之又
割,以至于不可割"的思想与《墨子》中物质分割到
"不可斲"的"端"的命题是一脉相承的,而与名家
"万世不竭"的思想明显不同。

这些都说明,当时思想界的"析理"与数学相辅
相成,相得益彰。

墨子

李淳风等的《九章算术注释》

李淳风

李淳风（602—670），岐州雍县（今陕西省凤翔县）人，唐初天文学家、数学家。贞观初年（627年）李淳风上书唐太宗批评所行《戊寅元历》的失误，贞观三年撰《乙巳元历》，贞观七年撰《法象志》。他系统论述了浑仪的发展，这是制造新天文仪器的理论基础，浑天黄道仪于是年制成。他于贞观十五年任太史丞，撰《晋书》《隋书》之《天文志》《律历志》《五行志》，这些都是中国天文学史、数学史、度量衡史的重要文献。麟德元年（664年），李淳风使用二次内插法计算太阳、月亮的不均匀视运动，制定《麟德历》，直接以无中气之月为闰月，于次年颁行。

李淳风

李淳风等整理十部算经

贞观二十二年（648年），太史监候王思辩上表称十部算经有许多舛误。李淳风与国子监算学博士梁述、太学助教王真儒等受诏注十部算经。高宗显庆元年（656年）注释完成，"高宗令国学行用"。

不过李淳风等的《九章算术注释》中，除了开立圆术注释引用祖暅（gèng）之的开立圆术，保存了祖暅之原理及其解决球体积的方法的内容极为宝贵外，其他注释几无新意。李淳风等的《九章算术注释》中多次指责刘徽注有错误。而实际上，刘徽并没有错，是李淳风等人没有理解刘徽的理论贡献及新方法的重大意义。

分数及其四则运算法则

在人类数学发展史上，人们认识分数比小数早得多。中国是世界上最早使用分数的国家之一。《九章算术》和秦汉数学简牍在世界数学史上第一次建立了完整的分数四则运算法则。直到8—9世纪，中国才开始使用小数，但也已经是世界上最早使用小数的国家了。

分数的产生和表示

① 产生分数的两种途径

《九章算术》方田章"约分术"的刘徽注中道出了分数产生的两个途径：一是实际生活中"事物的数量，不可能都是整数，必须用分数表示之"；二是在整数除法中不一定能整除，即"除数与被除数互相推求，常常有参差不齐的情况"。

② 分数的表示

《九章算术》在当时是一部比较高级的数学著作，其中并没有记载分数的记法。现存著作中，最早的关于分数的筹式记法出自《孙子算经》，如右图所示：分数记成两行，分母在下，分子在上；若是带分数，则记成三行，整数部分在上，分母居下，分子居中。

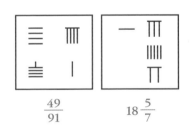

$$\frac{49}{91} \qquad 18\frac{5}{7}$$

分数四则运算

① 分数的约简

分数的约简可以化简分数而不改变分数值，在《九章算术》中被称为约分术——

可以取分子、分母一半的，就取它们的一半；如果不能取它们的一半，就在旁边布置分母、分子，以小减大，辗转相减，求出它们的等数。用等数约简之。

其中的"等"和"等数"就是最大公约数。可以证明，待约简的两个数必定是等数的整倍数。

以方田章第6题，约简分数$\frac{49}{91}$为例，求等数的过程如下：

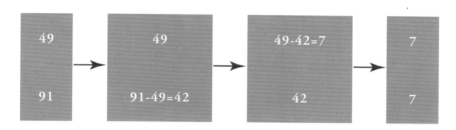

经过几次辗转相减，我们最终会得到7和7这一组数，两者相等，因此7便是我们要寻找的最大公约数。以7约原分数的分子、分母便得到：$\frac{49}{91} = \frac{7}{13}$。

这里求等数的辗转相减程序与《几何原本》第七卷求最大公约数的方法是相同的。

② 分数的加法和减法

分数加法法则在《九章算术》中被称为合分术——

> 分母互乘分子，相加作为实（被除数）；分母相乘作为法（除数）；实除以法。实不满法者，就用法命名一个分数。如果分母本来就相同，便直接将它们相加。[①]

也就是，设两个分数分别为$\frac{b}{a}$，$\frac{d}{c}$。它们的分母不同，即分数单位不同，无法相加。如果将两个分母相乘，即将ac作为公分母，那么分数单位就相同了，便可以相加。但同时需要用第二个分数的分母c乘第一个分数的分子b，变成bc，才能使其分数值不变；同样，用第一个分数的分母a乘第二个分数的分子d，变成ad，才能使其分数值不变。

合分术就是$\frac{b}{a} + \frac{d}{c} = \frac{bc}{ac} + \frac{ad}{ac} = \frac{bc+ad}{ac}$。

分数减法法则在《九章算术》中被称为减分术，它与合分术对称。自然，在认识负数之前，只有当$\frac{b}{a} \geqslant \frac{d}{c}$时，才能施行减分术。为了比较分数的大小，《九章算术》还提出了课分术。

---

① 中国古典数学密切联系实际，除法中的被除数（及开方法的被开方数、线性方程组的常数项等）是实际上存在的东西，所以称为"实"。除法就是用一个标准去分割被除数，这个标准称为"法"。

3 分数的乘法和除法

分数乘法法则在《九章算术》中被称为乘分术，分数除法法则被称为经分术。

《九章算术》中的乘分术是：

分母相乘作为法（除数），分子相乘作为实（被除数），实除以法。

设两个分数分别为 $\dfrac{b}{a}$ 和 $\dfrac{d}{c}$，也就是：

$$\frac{b}{a} \times \frac{d}{c} = \frac{bd}{ac}。$$

《九章算术》中的经分术是在几人分钱的例题中出现的，其中给出的方法如下。

把人数作为法（除数），钱数作为实（被除数），实除以法。如果有分数，就将其通分。有双重分数的，就要化成同分母而使它们通达。

就是说，先将除数和被除数通分，再将两者分子相除，也就是：

$$\frac{b}{a} \div \frac{d}{c} = \frac{bc}{ac} \div \frac{ad}{ac} = bc \div ad = \frac{bc}{ad}。$$

而在刘徽注中则使用了颠倒相乘法来进行分数的除法运算，即：

$$\frac{b}{a} \div \frac{d}{c} = \frac{b}{a} \times \frac{c}{d} = \frac{bc}{ad}。$$

率、齐同原理和"算之纲纪"

今有术：比例算法

比例算法在《九章算术》粟米章中被称为今有术，即现今所谓"三率法"，其具体方法为——

> 以所有数乘所求率作为实（被除数），以所有率作为法（除数），实除以法。

也就是，设 $A:B=a:b$，其中已知 A 为所有数，a 为所有率，b 为所求率，求 B；则 $B=Ab \div a$。

《九章算术》用今有术解决了 31 个粟米互换问题。刘徽特别重视今有术，认为它是解决比例算法的普遍方法，所以将之称为"都术"。刘徽认为，不管是什么数学问题，只要找出它们的比例关系，再使用齐同术，都可以归结到今有术。刘徽还把许多其他算术问题，如衰分术、均输术等归结到了今有术。

均输章"持米出三关问"

假设有人带着米出三个关卡，外关 3 份而征税 1 份，中关 5 份而征税 1 份，内关 7 份而征税 1 份，最后还剩 5 斗米。问：本来带的米是多少？

◉ 1 斗 =10 升

关于本题，刘徽注中给出了三种解题方法。其中之一是重今有术，就是二次或多次应用今有术。此题中就三次应用今有术。

第一次是将外关剩余米 5 斗作为所有数，3 作为所求率，3-1=2 作为所有率，由今有术，外关未税之米为：

$$5 \times 3 \div 2 = \frac{5 \times 3}{2} \text{（斗）}。$$

第二次是将外关未税之米 $\frac{5 \times 3}{2}$ 作为所有数，5 作为所求率，5-1=4 作为所有率，由今有术，中关未税之米为：

$$\frac{5 \times 3}{2} \times 5 \div 4 = \frac{5 \times 3 \times 5}{2 \times 4} \text{（斗）}。$$

第三次是将中关未税之米 $\frac{5 \times 3 \times 5}{2 \times 4}$ 作为所有数，7 作为所求率，7-1=6 作为所有率，由今有术，内关未税之米为：

$$\frac{5 \times 3 \times 5}{2 \times 4} \times 7 \div 6 = \frac{5 \times 3 \times 5 \times 7}{2 \times 4 \times 6} = \frac{525}{48} = 10\frac{15}{16} \text{（斗）}。$$

即，本来带的米是 10 斗 $9\frac{3}{8}$ 升。

率

我们日常生产生活和学习中常使用生产率、比率、速率、圆周率等词语。《九章算术》只在今有术等少数术文中使用了率，比较零散。刘徽大大发展、完善了率的理论。

1 率的定义

刘徽对于率给出了明确的定义——

> 凡是互相关联的数量，就把它们叫作率。

这句话是说，成率关系的"数"实际上是一组可以按一定关系变化的量。也就是说，一组变量，如果它们相关，就称为率。那么成比例的一组量无疑成率关系。但是，刘徽的"率"所包含的内容较比例而言又要深得多、广得多。直到现在，在其他语言中也没有与之意思匹配的单词。

② 率的求法和性质

2.1 率的求法

怎样求出诸量之间的率关系呢？刘徽说："小是大的开始，1是数的起源。"在《九章算术》粟米章的开篇中，就给出了"粟米之率"。以粟、粝为例，5单位粟可以化为1，而3单位粝可以化为1，因此，粟5、粝3便是粟、粝的相与之率。不过在实际计算中，通常不必经由"等于1"这一步。

率，可由同类同级的单位得出，如刘徽所说的"可以都用铢，可以都用两，可以都用斤，没有什么地方有窒碍"；也可由同类而不同级的单位得出，如刘徽所说的"现在将斤、两错互，也得到同一结果"；还可以由不同类的物品得出，如刘徽所说的"比方说是不同的类，也各有一定的态势"，如单位与价钱、时间与行程，等等。

2.2 率的性质

由率的定义，刘徽得出如下性质——

> 凡是所得到的率，要细小则都细小，要粗大则都粗大，两个数互相转取罢了。

这就是说，凡是构成率关系的一组量，其中一个扩大了多少倍（或缩小多少分之一），其余的量也必须同时扩大多少倍（或缩小多少分之一）。刘徽提出了率的三种等量变换："乘以散之""约以聚之""齐同以通之"。它们最初是从分数运算中抽象出来的，比如分数 $\frac{b}{a}$，"乘以散之"，就是将分数的分子、分母乘同一常数，即 $\frac{b}{a}=\frac{mb}{ma}$，其中 m 为正整数，实际上是将分数单位缩小。"约以聚之"就是以同一常数约简其分子、分母。若 a，b 都能被 m 整除，即 $c=\frac{a}{m}$，$d=\frac{b}{m}$，c，d 皆为正整数，则 $\frac{b}{a}=\frac{md}{mc}=\frac{d}{c}$，实际上是将分数单位扩大。"齐同"就是将分数通分。

2.3 相与率

利用"乘以散之，约以聚之"，可以将成率关系的两个分数或两个有公约数的数化成两个没有公约数的整数，刘徽称之为相与率。如求圆周率时，刘徽将一个圆的直径2尺与周长的近似值6尺2寸8分，化成径率50，周率157。中国古代没有素数与互素的概念，如果两个数没有公约数，就可以说它们是相与率关系。相与率可以用于化简许多运算。

齐同原理

齐同原理来自分数的加减运算。赵爽的《周髀算经注》中使用了齐同，但没有超出分数的加、减、除法的范围。刘徽认为："凡是分母互乘分子，就把它叫作齐；众分母相乘，就把它叫作同。同就是使诸分数相互通达，有一个共同的分母；齐就是使分子与分母相齐，使其不会改变本来的数值。"这就是著名的齐同原理。利用齐同原理，可以将分数加减法从两个分数推广到任意多个。

刘徽大大拓展了齐同原理的应用范围。

① "无所不能"的齐同之术

刘徽实际上把分数的分子、分母看成相关的两个量，认为它们之间成率关系。这与现代算术理论中关于分数的定义惊人地一致。因此关于分数中由"乘"缩小分数单位，由"除"扩大分数单位，由"齐同"使各个分数互相通达，这三种分数的等量变换同样可以在率的运算中得到应用。

刘徽在今有术的注中说："如果能分辨各种不同的数的错综复杂，疏通它们彼此之间的闭塞之处，根据不同的物品构成各自的率，仔细地研究辨别它们的地位与关系，使偏颇的持平，参差不齐的相齐，那么就没有不归结到这一术的。"这句话说的就是齐同原理，意思就是对复杂的数学问题，需要先应用齐同原理，再归结到今有术。

玉觿

刘徽还说："齐同之术是非常关键的：不管多么错综复杂的度量、数值，只要运用它就会和谐，这就好像用佩戴的觿（xī）解绳结一样，不论碰到什么问题，没有不能解决的。"其中，觿是古代用来解绳结的角锥。这句话说明他非常重视齐同术的作用。

② 诸率全部通达

当一个问题有二组或多组率关系时，可以运用齐同原理使诸率全部通达。

关于本题，刘徽注中给出了三种解题方法，其中就有诸率全部通达的方法。

先求出络丝与练丝的相与率和练丝与青丝的相与率：

络：练 = 16：12 = 4：3，

练：青 = 384：396 = 32：33。

然后使两组率中的练丝率相同，都等于96，也就是：

络：练 = （4×32）：（3×32）= 128：96，

练：青 = （32×3）：（33×3）= 96：99。

使络丝、青丝的率与之相齐，分别化为128与99，也就是：

络：练：青 = 128：96：99。

这样，三个率就全部通达了。将青丝1斤作为所有数，99作为所有率，128作为所求率，应用今有术就可以求出络丝数为：

$$1 \times \frac{128}{99} = \frac{128}{99}（斤），$$

即1斤4两$16\frac{16}{33}$铢。

刘徽认为，这里所使用的"三率悉通法"，可以推广到任意多个连锁比例的问题："凡是诸率错互不相通达的，都可以多次应用齐同术。仿照这种做法，即使是转换四五次，也没有什么不同。"例如同一章中的"持金出五关问"就是通过五次转换，达到诸率全部通达的例题。

③ 两种不同的齐同思路

同一问题，同哪个量，齐哪个量，是可以灵活运用的。刘徽认为，《九章算术》均输章凫雁、长安至齐、成瓦、矫矢、假田、程耕、五渠共池等问，尽管对象不同，却都是同工共作类问题。他在五渠共池问注中说："从凫雁问到五渠共池问，有两种施行齐同术的方法，可以根据计算的需要选择适宜的方法。"

④ 率借助于齐同原理成为"算之纲纪"

刘徽借助于齐同原理，将率的应用推广到《九章算术》中大部分术文以及两百余个题目的解法中，他说——

乘使之散开，约使之聚合，齐同使之互相通达，这难道不是算法的纲纪吗？

就是说，率借助于齐同原理，成为"算之纲纪"。

均输章"凫雁问"

假设有一只野鸭自南海起飞，7日至北海；一只大雁自北海起飞，9日至南海。

问：如果野鸭、大雁同时起飞，它们多少日相逢？

关于此问，刘徽注中包含了两种齐同方式。

第一种是"齐其至，同其日"。

使野鸭、大雁飞的时间相同，都飞63日，那么野鸭可以飞完全程9次，大雁可以飞完全程7次。

将齐，即9次和7次相加，以同，即63日，除之就得到相逢的时间。

这个齐同的过程是：

日数 = $7 \times 9 \div (63 \div 9 + 63 \div 7) = 63 \div 16 = 3\frac{15}{16}$（日）。

第二种是"同其距离之分，齐其日速"。

每一天野鸭飞全程的 $\frac{1}{7}$，大雁飞全程的 $\frac{1}{9}$，"齐而同之"可以得到每一天野鸭飞全程的 $\frac{9}{63}$，大雁飞全程的 $\frac{7}{63}$。

将南北海的距离分为63份，野鸭每日飞9份，大雁每日飞7份。

这个齐同的过程是：

$$日数 = 1 \div (\frac{1}{7} + \frac{1}{9}) = 1 \div (\frac{9}{63} + \frac{7}{63})$$
$$= 63 \div (9 + 7) = \frac{63}{16} = 3\frac{15}{16}（日）。$$

这两种齐同方式都是正确的。

按比例分配——衰分术与均输术

法集而衰别——衰分术

衰分在先秦被称为差分，是中国古典数学的重要分支，主要解决比例分配问题。《九章算术》中有衰分术和返衰术两种方法。

 衰分章第四问

假设一女子善于纺织，每天纺布的数量都比前一天增加一倍，5天共织了5尺。

问：她每天织布多少？

● 1尺=10寸

在本题中，每日所织之数为前日的2倍，因此列衰，也就是每日所织的布的比例为：

第一日织：第二日织：第三日织：第四日织：第五日织=1：2：4：8：16。

将列衰相加1+2+4+8+16=31作为法（除数）；以5尺乘未相加的列衰，得到每日的实（被除数）：

第一日织之实为5×1=5，　　　　第二日织之实为5×2=10，

第三日织之实为5×4=20，　　　　第四日织之实为5×8=40，

第五日织之实为5×16=80。

实除以法，就可以得到每日织的尺数：

第一日织得 $5÷31=\frac{5}{31}$（尺），也就是 $1\frac{19}{31}$ 寸；

第二日织得 $10÷31=\frac{10}{31}$（尺），也就是 $3\frac{7}{31}$ 寸；

第三日织得 $20÷31=\frac{20}{31}$（尺），也就是 $6\frac{14}{31}$ 寸；

第四日织得 $40÷31=1\frac{9}{31}$（尺），也就是 1 尺 $2\frac{28}{31}$ 寸；

第五日织得 $80÷31=2\frac{18}{31}$（尺），也就是 2 尺 $5\frac{25}{31}$ 寸。

如果按列衰的倒数进行分配，就是返衰问题。《九章算术》中也提出了返衰术。

公平负担的均输术

中国传统文化历来讲求公平合理。为了维持国家机器的运转，需要征收赋税；为了保卫领土主权，需要征调兵卒；为了修筑水利工程及其他设施，需要征调民夫。可是，各地的户数或人数、距离远近、行道日数及物价、租车的价钱、雇用劳动力的价钱等因素都不同，需要通过计算，使各县的每户或每人劳费均等，实现公平合理。这实际上是一种更为复杂的比例分配，《九章算术》对此提出了均输术，实际上也是通过衰分术解决问题。

四

盈亏类问题解法——盈不足术

今天小学数学中所学的解决盈亏类问题的方法，在《九章算术》中被称为盈不足术。实际上是两类问题，一是盈不足问题，二是应用盈不足术解决的一般数学问题。盈不足术后来传入阿拉伯地区和欧洲，成为西方在文艺复兴之前的主要数学方法。

盈不足术

《九章算术》首先给出了盈不足术——

> 布置所出率，将盈与不足分别布置在它们的下面。使盈、不足与所出率交叉相乘，相加，作为实。将盈与不足相加，作为法。实除以法，即得。如果有分数，就将它们通分。如果使盈、不足相与通同，共同买东西的问题，就布置所出率，以小减大，用余数除法与实。除实就得到物价，除法就得到人数。

每个人应该多少钱？

《九章算术》的相关例题都是关于几个人一起买东西的问题：今有几个人集资买东西，每人出A，盈（或不足）a，每人出B，不足（或盈、或适足）b，求人数、物价。这里给出了求不多不少之正数、物价、人数3个公式。

盈不足术首先提出了用来解决一般数学问题的，每人出多少才既不多又不少的公式：

$$不多不少之正数 = (Ab+Ba) \div (a+b)。 \qquad (3\text{-}1)$$

《九章算术》接着又给出了求物价、人数的公式：

$$物价 = (Ab+Ba) \div (A-B)， \qquad (3\text{-}2)$$

$$人数 = (a+b) \div (A-B)。 \qquad (3\text{-}3)$$

 盈不足章第一问

假设共同买东西，如果每人出8钱，盈余3钱；每人出7钱，不足4钱。问：人数、钱数各多少？

应用（3-3）式，就可以得到人数

（3+4）÷（8-7）=7；

应用（3-2）式，就可以得到钱数

（8×4+7×3）÷（8-7）= 53。

盈不足术在一般数学问题中的应用

在古代，人们解决复杂的数学问题的能力较弱。但是他们发现，对于任何一个数学问题，假设一个答案代入原题验算，必定会出现多、少、正好三种情况之一。那么，如果进行两次假设，就可以把它化为盈不足问题，然后再用解盈不足问题的方法来解决。《九章算术》中求不多不少之正数的公式就是为这种情况而提出来的。然而通过这种方法，对于有些问题可以求出精确解；对于另一些问题，则只能求出近似解。

盈不足章"油自和漆问"

这是一道关于用桐油来调和漆的问题。

假设3份漆可以换得4份油，4份油可以调和5份漆。现在有3斗漆，想从其中分出一部分换油，使换得的油恰好能调和剩余的漆。问：分出的漆、换得的油、调和的漆各多少？

◻ 1斗＝10升

这是一个混合分配问题。用盈不足术求解则十分简单。

假设从3斗漆中分出9升漆换油，由今有术，9升漆可以换油

$$9×4÷3=12（升），$$

这12升油能调和漆

$$12×5÷4=15（升）。$$

而3斗漆中分出9升，还剩21升漆。但按前面假设中，换得的油能调和15升漆，可见有6升漆无油可调和，也就是不足6升。

再假设分出12升漆换油，由今有术，12升漆换得油

$$12×4÷3=16（升），$$

这16升油能调和漆

$$16×5÷4=20（升）。$$

而3斗漆分出12升，还剩18升漆。但按前面假设中，换得的油能调和20升漆，可见多调和了2升漆，也就是有余2升。

将它们代入不多不少之正数的（3-1）式，则分出漆

$$(Ab+Ba)÷(a+b)=(9×2+12×6)÷(6+2)=11\frac{1}{4}（升）；$$

再由今有术，求出换得的油

$$11\frac{1}{4}×4÷3=15（升），$$

调和的漆

$$15×5÷4=18\frac{3}{4}（升）。$$

开方法、线性方程组解法和正负数加减法则

▨ 世界上最早的开方程序

▨ 世界上最早的线性方程组解法——方程术

▨ 正负数及其加减法则

▨ 不定问题

世界上最早的开方程序

中国古代的"开方"和"方程"

我们现在所说的开方指的是求形如 $x^n=A$ 的二项方程的根，而将形如 $a_0x^n+a_1x^{n-1}+\cdots+a_{n-1}x=A$ 的等式称为方程；中国古代则把这两种过程都称为"开方"。其开方过程称为"开方除之"。

方程是英文 equation 的译文，来自拉丁文 *oequatio*。*oequatio* 有相等的意思，即含有未知数的等式，相当于中国古代的"开方式"，与中国古代"方程"的含义是不同的。equation 在清初被译作"相等式"；1859 年李善兰和伟烈亚力合译棣莫甘《代数学》时将其译作"方程"；1872 年华蘅芳和傅兰雅合译华里司《代数术》时将其译为"方程式"。1934 年，数学名词委员会确定用"方程（式）"表示 equation，而用"线性方程组"表示中国古代的"方程"，1956 年科学出版社出版《数学名词》中确定用"方程"表示 equation，而用"线性方程组"表示中国古代的方程，最终改变了中国古典数学术语"方程"的含义。

《九章算术》中的开方程序

① 《九章算术》中的开方术

《九章算术》少广章给出了世界上最早的、最完整的开方程序，共有四种：开方术、开圆术、开立方术、开立圆术。它们都是面积、体积问题的逆运算。开方术就是现今的开平方法，刘徽说开平方是"求方幂之一面"，也就是已知某正方形的面积，求其边长，需要开平方求解。若面积是三位数，边长就是两位数；若面积是五位数，边长就是三位数，依此类推。

已知圆面积求其周长，就是开圆术，同样用开方术求解。

已知某正方体的体积，求其边长，需要用开立方术求解。刘徽说开立方术是"立方适等，求其一面也"。若体积是四位数，边长就是两位数；若体积是七位数，边长就是三位数，依此类推。

球在《九章算术》中被称为立圆。已知球体积求其直径，《九章算术》用开立圆术求解。刘徽指出，《九章算术》中的开立圆术是错误的，原因是其中将球与外切圆柱体的体积之比看成 $\pi:4$。刘徽将两个全等的互相垂直的圆柱体的公共部分称为牟合方盖，他认为球与牟合方盖的体积之比才是 $\pi:4$。但是刘徽未能求出牟合方盖的体积，表示"以俟能言者"，后来是祖冲之之子祖暅之找到了求牟合方盖体积的方法。

刘徽对开方术和开立方术做了改进，并给出了几何解释。由于开方术、开立方术的程序太复杂，在此就不赘言了。

《九章算术》还对开方中可能遇到的几种情况给出了处理方法：当开方不尽时，《九章算术》称为不可开，"当以面命之"，即以其根命名一个分数。此处的面指 $\sqrt{A}$，当 A 可开时，面 $\sqrt{A}$ 就是有理数；当 A 不可开时，面 $\sqrt{A}$ 实际上就表示一个无理数。当被开方数是分数时，要先通分，如果分母是完全平方数，就分别对分子、分母开方，然后以分母除分子。如果分母不可开时，就以分母乘分子，对结果开方后，再以分母除之。

② 刘徽的"求微数"

设被开方数为 A，开方得数为 a，而开方不尽时，《九章算术》中会用"面"命名一个分数，在刘徽之前，人们会用 $a+\dfrac{A-a^2}{2a+1}$ 或用 $a+\dfrac{A-a^2}{2a}$ 表示平方根的近似值。刘徽认为它们都不准确，是"不可用"的，从而创造了继续开方，"求其微数"的方法。微数中没有名数单位的，就作为分子，如果退一位，就以10为分母；如果退两位，就以100为分母。越往下退位，它的分数单位就越细。这实际上是以十进分数逼近无理根，我们今天计算无理根的十进分数的近似值的方法与之完全一致。有人说这是一个极限过程，是不妥当的。这里没有取极限，而是极限思想在近似计算中的应用。

刘徽在割圆术求圆周率 $\pi=\dfrac{157}{50}$ 的程序中，求了8次微数。比如在割正六边形为十二边形时需要计算 $\sqrt{75\text{寸}^2}$ =8寸6分6厘2秒5$\frac{2}{5}$忽。倘无求微数的方法，刘徽就不可能求出 $\pi=\dfrac{157}{50}$，祖冲之更不可能获得求得 π 的8位有效数字的旷世成就。刘徽的求微数奠定了中国的圆周率计算在世界上领先千余年的计算基础。

二次方程

《九章算术》勾股章"邑方出南北门问"要求解形如 $x^2+bx=c$，$b \geq 0$，$c \geq 0$ 的二次方程的正根。

勾股章"邑方出南北门问"

假设有一座正方形的城，不知道其大小，在各面城墙的中间开门。出北门20步处有一棵树。出南门14步，然后拐弯向西走1775步，恰好看见这棵树。问：城的边长是多少？

依题意，设城的边长为 FG，北门为 D，北门外之木为 B，南门为 E，折西点为 C，西行见木处为 A。设 FG 为 x，记 BD 为 k，EC 为 l，AC 为 m。

用二次方程来表示《九章算术》中的术文就是：

$$x^2+(k+l)x=2km, \qquad （4-1）$$

求城的边长 FG，即 x。

将 $k=20$，$l=14$，$m=1775$ 代入（4-1）式，便得到：

$$x^2+(20+14)x=2 \times 20 \times 1775,$$

即 $x^2+34 \times x=71000$，对之求解，得到 $x=250$(步)，就是城的边长。

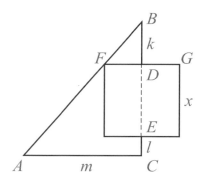

刘徽给出了推导（4-1）式的两种方法。

第一种方法基于率的理论。

三角形 ABC 与三角形 FBD 相似，因此 $BD：FD=BC：AC$。

$FD=\frac{1}{2}x$，$BC=k+x+l$，故 $k：\frac{1}{2}x=(k+x+l)：m$，经过整理便可以得到（4-1）式。

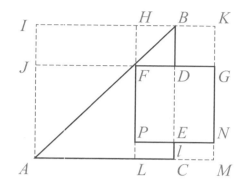

第二种方法使用了出入相补原理。

刘徽考虑自木 B 至邑南 C 为长，城边长 FG 为宽的长方形 $KMLH$，其面积为长方形 $KGFH$，长方形 $NMLP$ 和正方形 $GNPF$ 的面积之和，即 $x^2+kx+lx$，经整理为 $x^2+(k+l)x$。它是长方形 $BCLH$ 的面积的 2 倍。

由于三角形 ABC 与 ABI 的面积相等，AFL 与 AFJ 的面积相等，FBD 与 FBH 的面积相等，因此长方形 $DCLF$ 与 $FJIH$ 的面积相等，故长方形 $BCLH$ 与 $DJIB$ 的面积相等。

长方形 $DJIB$ 的面积为 km，因此 $x^2+(k+l)x=2km$，从而得出（4-1）式。

世界上最早的线性方程组解法——方程术

此方程非今方程

什么是方程呢?《九章算术》方程章刘徽注"方程"时说——

> 各种物品混杂在一起,各列都有不同的数,总的表示出它们的实。使每行作为率,两个物品有二程,三个物品有三程,程的多少都与物品的种数相等。把各列并列起来,就成为行,所以叫作方程。某行的左右不能有等价的行,而且都是有所根据而表示出来的。

"方"的本义是指用竹木并合编成的筏,引申为并。程的本义是度量名,引申为事物的标准,又引申为计量、考核。因此,"方程"的本义,就是"并而程之",即把诸物之间的各数量关系并列起来,考核其度量标准。

可是明代古典数学衰落,《九章算术》及其刘徽注失传。自此时起直到20世纪80年代初,人们对"方程"的理解都背离了其原义。清末翻译西方数学著作时,便将含有未知数的等式译成了"方程",将《九章算术》中的"方程"翻译成了"线性方程组"。

方程术:直除法与代入法的结合

《九章算术》方程章第一问提出了"方程术"。因比较复杂,不得不借助于谷物来进行阐释。

 方程章第一问

假设有3捆上等禾,2捆中等禾,1捆下等禾,共产粮39斗;2捆上等禾,3捆中等禾,1捆下等禾,共产粮34斗;1捆上等禾,2捆中等禾,3捆下等禾,共产粮26斗。

问:1捆上等禾、1捆中等禾、1捆下等禾各产粮多少?

禾就是粟，也就是我们现在所说的小米，有时也指庄稼的茎秆，在本题中应该指的是带种子的整个谷穗。

方程术是一种普遍方法，但因太抽象而难以表述清楚，所以《九章算术》借助禾的产粮数来对此进行阐释。

首先列出方程。若以 x，y，z 分别表示上、中、下禾各一捆的产粮斗数，它相当于线性方程组：

$$3x + 2y + z = 39, \qquad (4\text{-}2\text{-}1)$$
$$2x + 3y + z = 34, \qquad (4\text{-}2\text{-}2)$$
$$x + 2y + 3z = 26。 \qquad (4\text{-}2\text{-}3)$$

以（4-2-1）式上禾 x 的系数 3 乘（4-2-3）式和（4-2-2）式所有的项，再减去（4-2-1）式，即 3×（4-2-3）式 -（4-2-1）式，3×（4-2-2）式 -（4-2-1）式，一直减至（4-2-3）式和（4-2-2）式上禾 x 的系数为 0。方程组变成：

$$3x + 2y + z = 39, \qquad (4\text{-}3\text{-}1)$$
$$5y + z = 24, \qquad (4\text{-}3\text{-}2)$$
$$4y + 8z = 39。 \qquad (4\text{-}3\text{-}3)$$

再以（4-3-2）式中禾 y 的系数 5 乘（4-3-3）式所有的项，再减去（4-3-2）式，即 5×（4-3-3）式 -（4-3-2）式，一直减至（4-3-3）式中禾 y 的系数为 0，方程组变成：

$$3x + 2y + z = 39, \qquad (4\text{-}4\text{-}1)$$
$$5y + z = 24, \qquad (4\text{-}4\text{-}2)$$
$$4z = 11。 \qquad (4\text{-}4\text{-}3)$$

（4-4-3）式中 z 的系数 4 被称为法，即除数，11 就是 4 捆下禾的产粮数。

以法 4 乘 5 捆中禾和 1 捆下禾的产粮数 24，减去 4 捆下禾 z 的产粮斗数 11，再除以中禾 y 的捆数 5，（24×4-11）÷5=17，就得到 4 捆中禾的产粮斗数；以法 4 乘 3 捆上禾、2 捆中禾和 1 捆下禾的产粮数 39，减去 4 捆下禾 z 的产粮斗数 11 及 8 捆中禾 y 的产粮斗数 17×2，再除以上禾 x 的捆数 3，（39×4-11-17×2）÷3=37，就得到 4 捆上禾 x 的产粮斗数 37。方程组变成：

$$4x \qquad\qquad = 37,$$
$$4y \qquad = 17,$$
$$4z = 11。$$

皆以除数除产粮斗数，得：

$$上禾一捆的产粮斗数\ x=9\frac{1}{4}（斗），$$
$$中禾一捆的产粮斗数\ y=4\frac{1}{4}（斗），$$
$$下禾一捆的产粮斗数\ z=2\frac{3}{4}（斗）。$$

如果我们用阿拉伯数字代替算筹数字，就可以列出如下筹式：

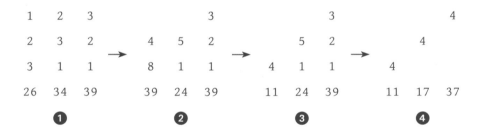

方程术有几个特点。

首先，方程的建立及消元变换采用位值制记数法，每个数字不必标出它是什么物品的系数，而是用所在的位置表示出来，这与现代数学中的分离系数法完全一致。

其次，《九章算术》方程的表示，相当于列出其增广矩阵，其消元过程相当于矩阵变换。

再次，这里用直除法，即整行与整行对减。

还有，方程术也并不是自始至终地使用直除法。它在求出任一未知数的答案之后，采用"从该行中减去已求出的未知数的相应的值"的方法来求另外的未知数，相当于现今的代入法。

互乘相消法

刘徽在《九章算术》方程章"牛羊值金问"注中创造了互乘相消法，与现今方法一致。

方程章"牛羊值金问"

假设有5头牛、2只羊，值10两金；2头牛、5只羊，值8两金。问：1头牛、1只羊各值多少金？

设牛值金为x，羊值金为y，根据题意列出方程：

$$5x + 2y = 10, \tag{4-5-1}$$
$$2x + 5y = 8。 \tag{4-5-2}$$

用（4-5-1）式中牛的系数5乘（4-5-2）式，又用（4-5-2）式中牛的系数2乘（4-5-1）式，得：

$$10x + 4y = 20, \tag{4-6-1}$$
$$10x + 25y = 40。 \tag{4-6-2}$$

两行中x的系数相等。

以（4-6-2）式减（4-6-1）式，就可以得$21y=20$，从而得出$y=\dfrac{20}{21}$；

将结果代入（4-5-1）式，即可得到$x=\dfrac{34}{21}$。

刘徽接着说："以小推大，即使是四五行的方程也没有什么不同。"说明这是一种普遍方法。可是，刘徽的先进方法在很长一段时间内都没有得到人们的重视。直到近800年后，北宋的贾宪才又开始重新使用互乘相消法；1247年秦九韶《数书九章》废止了直除法，互乘相消法终于开始得到全面使用。

损益法：移项与相消

损益法出现在方程章第二问的解法当中，是《九章算术》建立方程的重要方法。

 方程章第二问

假设有 7 捆上等禾，如果它的产粮数减损 1 斗，又增加 2 捆下等禾，则一共产粮 10 斗；有 8 捆下等禾，如果它的产粮增益 1 斗，再加上 2 捆上等禾，也一共产粮 10 斗。问：1 捆上等禾、下等禾各产粮多少？

《九章算术》的方法是："在此处减损某量，也就是说在彼处增益同一个量；在此处增益某量，也就是说在彼处减损同一个量。它的实减损 1 斗，就是它的实超过 10 斗的部分；它的实增益 1 斗，就是它的实不满 10 斗的部分。"《九章算术》虽没有给这种方法赋予"损益术"之名，但从许多题目中所写的"损益之"来看，它与正负术具有同等的功能。

由题意，设上、下禾的产粮斗数分别是 x，y，先列出关系式：

$$(7x-1)+2y=10,\qquad (4\text{-}7\text{-}1)$$
$$2x+(8y+1)=10。\qquad (4\text{-}7\text{-}2)$$

将关系式（4-7-1）左端需要"损"的"1"变成在右端"益"，为"11"；将关系式（4-7-2）左端需要"益"的"1"变成在右端"损"，为"9"。得到方程：

$$7x + 2y = 11,$$
$$2x + 8y = 9。$$

可见，在这个问题中，"损益之"相当于现今将常数项改变符号后由关系式的一端移到另一端。在其他问题中，还有常数项和未知数项同时损益，或将分数系数通过通分损益成整数系数等情况。

按照之前的方法求解方程，得到：

$$x=1\frac{18}{52}（斗），\quad y=\frac{41}{52}（斗）。$$

现在一般认为，拉丁文 *algebra*（代数）一词来自花剌子米（al-Khwārizmi，约780—约850）的著作《代数学》（*Al-kitāb al-jabr waal-muqābala*）。"*al-jabr*" 在阿拉伯文中是"还原"或"移项"的意思，即解方程时将负项由一端移到另一端，变成正项；"*waal-muqābala*"的意思是"对消"，即将两端相同的项消去或合并同类项。显然，花剌子米使用的还原与合并同类项，与《九章算术》中"损益"的意义相同，但是晚了1000年左右。

花剌子米

正负数及其加减法则

　　引入负数，提出正负数的加减法则，是《九章算术》，也是中国古典数学的重要成就。

　　《九章算术》方程章通过两种途径引入负数，一是正系数方程在消元过程中会从小的减去大的，出现负数；二是有的方程本身就是负系数方程。

　　《九章算术》方程章提出了正负数完整的加减法则——

　　　　相减的两个数如果符号相同，则它们的数值相减。相减的两个数如果符号不相同，则它们的数值相加。正数如果无偶，就变成负的，负数如果无偶，就变成正的。相加的两个数如果符号不相同，则它们的数值相减，相加的两个数如果符号相同，则它们的数值相加，正数如果无偶就是正数，负数如果无偶就是负数。

　　设 a，b 皆为正数，如果两者是同号的，它们做减法时是两个数的绝对值相减：

$$(\pm a) - (\pm b) = \pm(a-b), \ a \geq b; \ (\pm a) - (\pm b) = \mp(b-a), \ a \leq b。$$

　　如果两者是异号的，它们做减法时是两个数的绝对值相加：$(\pm a) - (\mp b) = \pm(a+b)$。

　　正数如果没有与之相减的数，则为负数：$0-a=-a, \ a > 0$。

　　负数如果没有与之相减的数，则为正数：$0-(-a)=a, \ a > 0$。

　　如果两者是异号的，它们做加法时是两个数的绝对值相减：

$$(\pm a) + (\mp b) = \pm(a-b), \ a \geq b; \ (\pm a) + (\mp b) = \mp(b-a), \ a \leq b。$$

　　若两者是同号的，它们做加法时是两个数的绝对值相加：$(\pm a) + (\pm b) = \pm(a+b)$。

　　正数没有与之相加的，则为正数：$0+a=a, \ a > 0$。

　　负数没有与之相加的，则为负数：$0+(-a)=-a, \ a > 0$。

　　《九章算术》实际上还使用了正负数的乘除运算，但直到元代朱世杰的《算学启蒙》（1299）中才提出了正负数的乘除运算法则。

　　中国对于负数概念和正负数加减法则的提出超前于其他国家几个世纪，甚至上千年。公元628年，印度婆罗门笈多使用负数表示欠债，使用正数表示所有。他是中国以外最早使用负数的学者。后来，负数传入欧洲，直到17世纪许多大学者还不承认负数是数。

　　《九章算术》方程章中第三问本来是一个正系数方程，但在解题的过程中出现了负数。

方程章第三问

假设有2捆上等禾、3捆中等禾、4捆下等禾，它们各自的产粮都不满1斗。如果上等禾借取中等禾、中等禾借取下等禾、下等禾借取上等禾各1捆，则它们的实恰好都产粮1斗。问：1捆上等禾、中等禾、下等禾各产粮多少？

《九章算术》中给出的方法是："如同方程术那样求解。分别布置所借取的数量。"

设上、中、下禾单捆的产粮斗数分别是 x，y，z，得到线性方程组：

$$2x + y = 1, \qquad\qquad (4\text{-}8\text{-}1)$$
$$3y + z = 1, \qquad\qquad (4\text{-}8\text{-}2)$$
$$x + 4z = 1。 \qquad\qquad (4\text{-}8\text{-}3)$$

以（4-8-1）式 x 的系数2乘（4-8-3）式，再减去（4-8-1）式，（4-8-3）式 x 系数就会变成0，y 的系数变成0-1=-1，方程组化为：

$$2x + y = 1, \qquad\qquad (4\text{-}9\text{-}1)$$
$$3y + z = 1, \qquad\qquad (4\text{-}9\text{-}2)$$
$$-y + 8z = 1。 \qquad\qquad (4\text{-}9\text{-}3)$$

（4-9-3）式中 y 出现系数-1。使（4-9-3）式乘（4-9-2）式中 y 的系数3，再与（4-9-2）式相加，方程组化为：

$$2x + y = 1,$$
$$3y + z = 1,$$
$$25z = 4。$$

以25乘（4-9-2）式，然后减去25z=4，经过整理（4-9-2）式变为25y=7。又以25乘（4-9-1）式，然后减去25y=7，经过整理（4-9-1）式变成25x=9。方程组化为：

$$25x = 9,$$
$$25y = 7,$$
$$25z = 4。$$

于是可得：$x=\dfrac{9}{25}$，$y=\dfrac{7}{25}$，$z=\dfrac{4}{25}$。

《九章算术》方程章的第六问建立的方程本身就含有负系数和负常数项。

? 方程章第六问

假设卖了2头牛、5只羊，用来买13只猪，还剩余1000钱；卖了3头牛、3只猪，用来买9只羊，钱恰好足够；卖了6只羊、8只猪，用来买5头牛，还差600钱。问：1头牛、1只羊、1只猪的价格各是多少？

设牛、羊、猪的价格分别是x，y，z，《九章算术》通过"损益之，互其算"，建立线性方程组：

$$2x + 5y - 13z = 1000,$$
$$3x - 9y + 3z = 0,$$
$$-5x + 6y + 8z = -600.$$

用方程术援引正负术求解，可得：

$$x=1200, \quad y=500, \quad z=300。$$

在应用直除法时，不仅要使用正负数加减法则，也需要使用正负数的乘除法。

四

不定问题

《九章算术》方程章"五家共井问"是一个不定问题。

方程章"五家共井问"

假设有五家，共同使用一口井。甲家的2根井绳长与井的深度之差，等于乙家的1根井绳长；乙家的3根井绳长与井的深度之差，等于丙家的1根井绳长；丙家的4根井绳长与井的深度之差，等于丁家的1根井绳长；丁家的5根井绳长与井的深度之差，等于戊家的1根井绳长；戊家的6根井绳长与井的深度之差，等于甲家的1根井绳长。如果各家分别得到所差的那一根井绳，都恰好及至井底。问：井深及各家的井绳长度是多少？

设甲、乙、丙、丁、戊家井绳长度与井深分别是 x、y、z、u、v、w，《九章算术》的题设相当于给出线性方程组：

$$2x + y = w,$$
$$3y + z = w,$$
$$4z + u = w,$$
$$5u + v = w,$$
$$x + 6v = w。$$

有6个未知数，却只有5个方程。《九章算术》遂以721、265、191、148、129、76作为解。但刘徽认为以此为解是不妥当的。他指出，以721为井深、76为戊家的井绳长、129为丁家的井绳长、148为丙家的井绳长、191为乙家的井绳长、265为甲家的井绳长，只是反映了各家井绳长与井深之间的率关系。事实上，上述方程经过消元，可以化成：

$$721x = 265w,$$
$$721y = 191w,$$
$$721z = 148w,$$
$$721u = 129w,$$
$$721v = 76w。$$

这实际上就是：

$$x：y：z：u：v：w = 265：191：148：129：76：721。$$

只要令 $w = 721n$，$n = 1, 2, 3, \cdots\cdots$ 就能给出满足题设的 x、y、z、u、v、w 的值，《九章算术》只是把其中的最小一组正整数解当成了定解。

这是中国数学史上第一次明确指出不定方程问题。

本章讨论的面积、体积和勾股测望等问题，现今通常会被归于几何学。不过《九章算术》中的这些问题与现代意义上的"几何学"是有区别的。中国古典数学中的面积、体积和勾股测望问题几乎不讨论几何体的性质之类的内容，只计算长度、面积和体积的数量。因此，这些问题必然要归结到算术和代数问题，即几何问题与算术和代数相结合，也就是几何问题的算法化。

第五章
面积、体积和勾股测望

▨ 面积

▨ 体积

▨ 勾股测望

面 积

《九章算术》中既有关于直线形的面积的计算，也有关于曲线形的面积的计算，还有个别关于曲面形体积的计算。

直线形面积

《九章算术》中的直线形有方田、圭田、邪田、箕田4种。

1 方田及刘徽关于幂的定义

方田一般指长方形。《九章算术》中的方田术是——

> 宽与长的步数相乘，便得到积步。

也就是，设宽为 a，长为 b，方田术就是其面积公式：

$$S=ab。 \qquad (5\text{-}1)$$

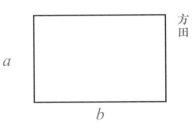

宽在《九章算术》中被称为"广"，有时也被称为"横"；长被称为"从"，有时也被称为"袤"，后来又常被称为"纵"。不过，在中国古代，广或横与从或袤还包含方向的意义：广或横指东西方向，从或袤指南北方向。

刘徽没有试图证明方田术的面积公式，只提出了"幂"的定义："凡是宽与长的步数相乘，就叫作幂。"刘徽《九章算术注》中有田幂、矩幂、勾幂、股幂、弦幂、方幂、圆幂、立幂等，还有以颜色表示的青幂、朱幂、黄幂等。清末李善兰、华蘅芳等翻译西方数学著作时，用"幂"表示指数，这个用法沿用至今。古今"幂"的含义既有联系，又有区别。

❓ 《九章算术》方田章方田术中有两个方田的例题，其中一题是——

假设一块田宽15步，长16步。问：田的面积有多少？

由题可知，宽 a=15，长 b=16。

将其代入（5-1）式，那么此方田的面积 $S=15×16=240$（步^2），即 1 亩。

步是古代的长度单位，秦汉1步为5尺，隋唐以后改为6尺。秦汉时期1亩 =240 步^2，1顷 =100亩，1里 =300步，1里^2=375亩 =3顷75亩。上述计算结果中的"步^2""里^2"在《九章算术》和中国古代数学著作中表示为"步""里"。同样，丈、尺、寸、分、厘、毫等单位也都既可以表示长度，又可以表示面积，甚至还可以表示体积，具体含义需要通过上下文判断。

2 圭田、邪田和箕田

三角形在《九章算术》中被称为圭田。圭本义是古代帝王、诸侯举行隆重仪式所拿的玉制礼器，上尖下方。圭田就是卿、大夫、士供祭祀用的田地。《九章算术》求其面积的方法是——

用宽的一半乘高。

设其宽为 a，高为 h，圭田术就是其面积公式：

$$S=\frac{1}{2}ah。 \tag{5-2}$$

刘徽记录了对此公式的推导。

三角形的高将其分成左右两个三角形。在左侧三角形底边的中点作平行于高的直线，记截下的小三角形为 I。

将 I 移到 I′ 处，左侧就变成以左侧三角形底边的一半为宽，以三角形的高为高的长方形。

同样，在右侧三角形底边的中点作平行于高的直线，记截下的小三角形为 II，将 II 移到 II′ 处，右侧这部分就变成以右侧三角形底边的一半为宽，以三角形的高为高的长方形。

这两个长方形拼合成的长方形的面积等于原三角形的面积，它以原三角形宽的一半 $\frac{1}{2}a$ 为宽，以原三角形的高 h 为高，由长方形面积公式（5-1）式，就证明了（5-2）式。

圭田

古代玉圭

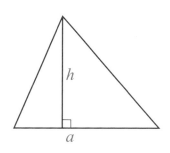

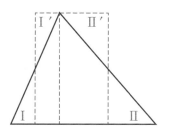

《九章算术》中关于圭田术有两道例题，其中一题是——

假设有一块圭田，底宽 $5\frac{1}{2}$ 步，高 $8\frac{2}{3}$ 步。问：田的面积是多少？

由题可知，底宽 $a=5\frac{1}{2}$，高 $h=8\frac{2}{3}$。

将其代入（5-2）式，此圭田的面积 $S=\frac{1}{2}\times5\frac{1}{2}\times8\frac{2}{3}=23\frac{5}{6}$（步^2）。

邪田是指一腰垂直于底的梯形，邪就是斜的意思。箕田是一般梯形，也有人说是等腰梯形，因其形状如人们常用的簸箕而得名。将箕田从中间分开，就可以得到两个邪田。《九章算术》给出了求邪田面积的方法——

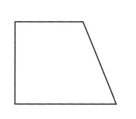

邪田

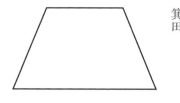

箕田

　　求与斜边相邻两宽或两长之和，取其一半，以乘或在宽上或在长上的高。

也就是，设高为 h，两底分别为 a，b，邪田的面积公式就是：

$$S=\frac{1}{2}(a+b)h。\qquad（5-3）$$

刘徽也记述了此公式的推导方法。

过斜边的中点作平行于高的直线，将切下的右下角的三角形 I 移到右上角，就成为以原邪田上下两底之和的一半 $\frac{1}{2}(a+b)$ 为长，以原邪田的高 h 为宽的长方形。

由（5-1）式，就证明了（5-3）式。

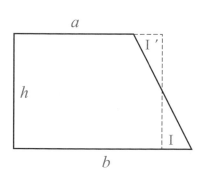

《九章算术》中有两道关于邪田的例题，其中一题是——

假设有一块邪田，正广65步，一侧的纵100步，另一侧的纵72步。问：田的面积是多少？

由题可知，$h=65$，$a=100$，$b=72$。

将其代入（5-3）式，那么此邪田的面积：

$$S=\frac{1}{2}\times(100+72)\times65=5590（步^2），$$

即23亩70步^2。

这里所使用的推导方法，在刘徽注中被称为"以盈补虚"，现在常被称为图验法。这在《九章算术》时代是常用的推导直线形的面积和多面体体积的方法。对多面体体积公式的推导在今天常被称为棋验法。在勾股章的注解中，刘徽将其概括为"出入相补"，也就是如今的出入相补原理。这是一种传统的方法，不是刘徽创造的，但刘徽将其记载下来，并进行了发展。

曲线形面积

《九章算术》讨论的平面曲线形有圆田、弧田、环田。

① 圆面积公式

圆田就是圆形。《九章算术》中提出了四种求圆面积的方法——

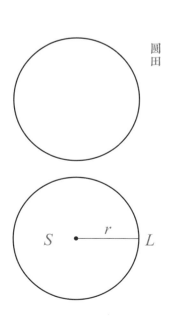

圆田

术：半周与半径相乘便得到圆面积的积步。

又术：圆周与直径相乘，除以4。

又术：圆直径自乘，乘以3，除以4。

又术：圆周自乘，除以12。

也就是，设圆周长为L，半径为r，直径为d，圆面积为S，它们分别是圆面积公式：

$$S=\frac{1}{2}Lr,\qquad\qquad\qquad(5\text{-}4\text{-}1)$$

$$S=\frac{1}{4}Ld,\qquad\qquad\qquad(5\text{-}4\text{-}2)$$

$$S=\frac{3}{4}d^2,\qquad\qquad\qquad(5\text{-}4\text{-}3)$$

$$S=\frac{1}{12}L^2。\qquad\qquad\qquad(5\text{-}4\text{-}4)$$

（5-4-1）至（5-4-4）式在理论上是正确的，只是在这四个公式中，周径之比即圆周率均取的是3，因此无法算出精确值。

> **？** 《九章算术》中有两道关于圆田面积的例题，其中一题是——
>
> 假设有一块圆田，周长30步，直径10步。问：田的面积是多少？

题目中的数值显然是按照圆周率周三径一设计的，周长 $L=30$，直径 $d=10$，因此半径 $r=\frac{1}{2}d=5$（步）。

将其代入（5-4-1）式，那么此圆田的面积为：

$$S=\frac{1}{2}\times30\times5=75（步^2）。$$

后来刘徽用他求出的圆周率 $\frac{157}{50}$ 将本题中圆田的面积修正为 $71\frac{103}{157}$ 步^2；李淳风等又按圆周率 $\frac{22}{7}$ 将其修正为 $71\frac{13}{22}$ 步^2。

② 弓形面积公式

弧田就是现在的弓形。《九章算术》给出了求弓形面积的方法——

以弦乘矢，矢又自乘，两者相加，除以2。

也就是说，设弧田的弦长为 c，矢长为 v，则弧田的面积公式为：

$$S=\frac{1}{2}(cv+v^2)。\qquad\qquad(5\text{-}5)$$

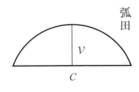

后来刘徽指出并证明了（5-5）式是不准确的。

除了圆形和弓形，《九章算术》中还给出了环形和其他曲线形的面积公式。

3 圆周率

刘徽指出，（5-4-1）式中的圆周长和直径的关系，即圆周率，应该是一个非常精确的值，而不是周三径一。为了求圆周率的精确值，刘徽首先需要证明圆面积公式（5-4-1）。为此他提出了极限思想，创造了无穷小分割方法。这已经超出小学和初中数学教材的内容范围，在此我们不展开，只大概讲一下求圆周率的程序。

要求圆周率，最关键的一点是求出直径为2尺的圆面积的近似值 S，然后代入《九章算术》的圆面积公式（5-4-1）式，反求出圆周长的近似值，再与直径相约，从而得到圆周率的近似值。自然，这样求得的圆周率的精确度取决于我们一开始求得的圆面积近似值的精确度。这里的开方都要计算到秒、忽，秒和忽都是古代的长度单位，1寸 =10000秒，1秒 =10忽。这里使用了刘徽在开方术的注解中创造的在开方不尽时，退位求其微数的方法，即以十进分数逼近无理根近似值。

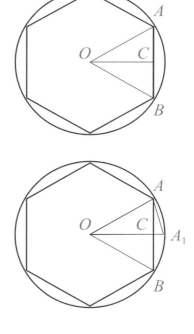

首先求直径为2尺的圆内接正六边形的边心距。其边长 $AB=10$ 寸，取 AB 的中点 C，以 $AC=5$ 寸作为勾，圆半径 $OA=10$ 寸为弦，那么边心距 OC 就是勾股形 OAC 的股，求其股：

$$OC=\sqrt{OA^2-AC^2}=\sqrt{(10\text{寸})^2-(5\text{寸})^2}=866025\frac{2}{5}\text{忽}，$$

就得出正六边形的边心距。

接着将圆内接正六边形分割成正十二边形，求圆内接正十二边形的边长 AA_1。

圆半径减圆内接正六边形的边心距得到余径：

$$CA_1=OA_1-OC=10\text{寸}-866025\frac{2}{5}\text{忽}=133974\frac{3}{5}\text{忽}。$$

以余径 CA_1 为勾，其边长之半 $AC=5$ 寸为股，圆内接正十二边形一边长 AA_1 为弦形成一个勾股形 A_1AC，那么正十二边形一边长：

$$AA_1=\sqrt{AC^2+CA_1^2}=\sqrt{(5\text{寸})^2+\left(133974\frac{3}{5}\text{忽}\right)^2}=\sqrt{267949193445}\text{忽}。$$

接下来进行第2、3、4、5次分割，依照同样的程序计算出圆内接正 $6 \times 2^2 = 24$，$6 \times 2^3 = 48$，$6 \times 2^4 = 96$，$6 \times 2^5 = 192$ 边形的边长；正二十四边形、正四十八边形的边心距和余径都要精确到忽。

计算出正九十六边形的面积 $S_4 = 313\frac{584}{625}$ 寸^2，正一百九十二边形的面积 $S_5 = 314\frac{64}{625}$ 寸^2。

刘徽认为 $S_5 < S < S_4 + 2(S_5 - S_4)$。将 S_4，S_5 代入，得：

$$314\frac{64}{625} 寸^2 < S < 313\frac{584}{625} 寸^2 + 2\left(314\frac{64}{625} 寸^2 - 313\frac{584}{625} 寸^2\right),$$

即 $314\frac{64}{625}$ 寸$^2 < S < 314\frac{169}{625}$ 寸^2。

取 $S \approx 314$ 寸^2 作为圆面积的近似值，代入（5-4-1）式，求出圆周长的近似值 $L \approx 6$ 尺 2 寸 8 分。与直径 2 尺相约，得到圆周率 $\pi = \frac{157}{50}$，相当于 $\pi = 3.14$。

刘徽认为 $\pi = \frac{157}{50}$ 还不太精确，又计算出 $\pi = \frac{3927}{1250}$，相当于将 π 精确到了 3.1416。

后来南朝宋齐数学家祖冲之又计算出精确到 8 位有效数字的圆周率近似值，相当于 $3.1415926 < \pi < 3.1415927$。这个值的精确程度直到 1247 年才被中亚的数学家阿尔·卡西超过。一般认为，祖冲之使用的也是刘徽的方法。曾有学者考证，要得到这个值，需要计算圆内接正 6×2^{12} 边形的面积。祖冲之计算出的最接近圆周率的值为 $\pi = \frac{355}{113}$，这是分母小于 16604 的最接近 π 的真值的分数，这个数字直到 1573 年才被德国数学家奥托重新发现，后来荷兰的安托尼兹也得到同样的结果，因此西方经常将其称作安托尼兹率，日本学者认为应改称祖率。

体 积

《九章算术》的体积问题集中于商功章。"商功"本来是要解决工程量的分配问题，但要分配工作量，就要先计算土木工程中某些立体的体积、容积。因此，各种体积公式成为商功章中最重要的内容。

多面体体积

《九章算术》中共有19种多面体，不过，其中有些多面体在数学上属于同一种形状，因此实际上只有12个体积公式。

① 长方体

《九章算术》没有明确给出计算长方体体积的公式。但商功章有一已知长方体粮仓的容积及广、袤，求仓高的问题，实际上使用了长方体体积公式：

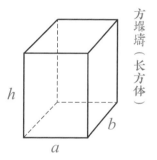

方堢墹（长方体）

$$V=abh。 \qquad (5\text{-}6)$$

 《九章算术》给出了一道关于方堢墹（bǎodǎo），也就是正方柱体的例题——

假设有一个方堢墹，它的底是边长1丈6尺的正方形，高是1丈5尺。问：其体积是多少？

■ 1丈=10尺

由题可知，$a=b=16$，$h=15$。

将其代入（5-6）式，此方堢墹的体积为 $V=16×16×15=3840$（步^3）。

② 城、垣、堤、沟、堑、渠

城、垣、堤、沟、堑和渠都是上、下底为两个长相等而宽不等的互相平行的矩形，前后两面为两个相等的矩形、左右两面为两个垂直于底的相等的等腰梯形的立体图

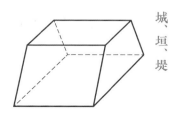

城、垣、堤

形。其中，城、垣、堤是地面上的土方工程，其上宽小于下宽，而沟、堑、渠都是挖成的地面下的工程，其上宽大于下宽。《九章算术》说——

城、垣、堤、沟、堑、渠都使用同一条术。

术：将上、下宽相加，取其一半。以高或深乘之，又以长乘之，就是体积的尺数。

也就是，设其上宽为 a_1、下宽为 a_2，长为 b，高 h，则其体积公式便是：

$$V=\frac{1}{2}(a_1+a_2)bh。 \qquad （5-7）$$

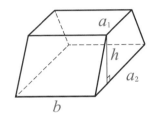

以"城"为例，刘徽记载了用"损广补狭"的方法对（5-7）式进行的证明：

用两个平面分别在两侧的中点处对图形进行切割，将两个 I 移到 I′ 处，将其变成长方体，再求其体积。

这也是对出入相补原理的一种应用。出入相补原理还有另一个更重要的应用方式——棋验法，我们会在后面方亭的部分中讲解。

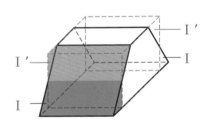

？ 《九章算术》对城、垣、堤、沟、堑和渠各有一个例题，其中关于城的例题是——

假设一堵城墙，下底宽是 4 丈，上顶宽是 2 丈，高是 5 丈，长是 126 丈 5 尺。

问：它的体积是多少？

◘ 1 丈 =10 尺

由题可知，$a_1=20$，$a_2=40$，$b=1265$，$h=50$。

将其代入（5-7）式，那么此城墙的体积为

$$V=\frac{1}{2}\times(20+40)\times1265\times50=1897500 （尺^3）。$$

3 堑堵、方锥、阳马和鳖腜

3.1 堑堵是沿长方体相对两棱剖开所得的楔形体

《九章算术》中给出的堑堵求积方法是——

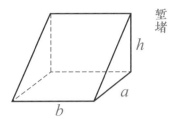

堑堵

> 宽与长相乘，以高乘之，除以2。

也就是，设堑堵的下宽为a，长为b，高为h，则：

$$V=\frac{1}{2}abh。 \tag{5-8}$$

《九章算术》中只有一道关于堑堵的例题——

假设有一道堑堵，下底的宽是2丈，长是18丈6尺，高是2丈5尺。问：其体积是多少？

◼ 1丈 =10尺

由题可知，$a=20$，$b=186$，$h=25$。

将其代入（5-8）式，那么此堑堵的体积为 $V=\frac{1}{2}\times20\times186\times25=46500$（尺^3）。

3.2 方锥就是底面为正方形的棱锥

《九章算术》给出的求方锥体积的方法与下面求阳马体积的方法相同。

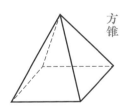

方锥

3.3 阳马是直角四棱锥

刘徽说："阳马的形状是方锥的一个角隅。"阳马是古代的建筑零件术语。《九章算术》提出阳马的求积方法为——

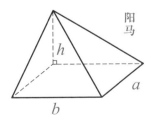

阳马

> 宽与长相乘，以高乘之，除以3。

也就是，设阳马的宽为a，长为b，高为h，则其体积公式为：

$$V=\frac{1}{3}abh。 \tag{5-9}$$

假设有一个阳马，底的宽是5尺，长是7尺，高是8尺。问：其体积是多少？

此即 $a=5$，$b=7$，$h=8$，将其代入（5-9）式。

那么此阳马的体积为 $V=\frac{1}{3}\times(5\times7\times8)=93\frac{1}{3}$（尺³）。

3.4 鳖臑是四面都是直角三角形的四面体

它是一个有下宽，没有下长，有上长，没有上宽的四面体。刘徽说："鳖臑（biēnào）之物，不同器用。"就是说，鳖臑不是来源于实际应用，而是立体分割的产物。《九章算术》提出它的求积方法是——

下宽与上长相乘，以高乘之，除以6。

也就是，设鳖臑的下宽为 a，上长为 b，高为 h，则其体积为：

$$V=\frac{1}{6}abh。 \qquad （5-10）$$

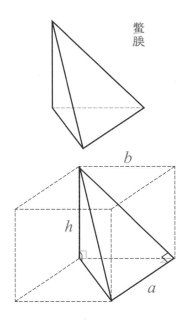

鳖臑

假设有一鳖臑，下宽5尺，没有长；上长4尺，没有宽；高7尺。问：其体积是多少？

依题意，下宽 $a=5$，上长 $b=4$，高 $h=7$。

将其代入（5-10）式，此鳖臑的体积为 $V=\frac{1}{6}\times5\times4\times7=23\frac{1}{3}$（尺³）。

④ 刘徽原理

刘徽记载了在 $a=b=h$ 的条件下用棋验法推导阳马和鳖腨体积公式，即（5-9）式和（5-10）式的过程。但是，这种方法无法在 $a \neq b \neq h$ 的条件下证明（5-9）（5-10）两式。

为了证明（5-9）式和（5-10）式，刘徽提出：一个堑堵可以被分解为一个阳马和一个鳖腨，则其中阳马与鳖腨的体积之比永远是 2:1。

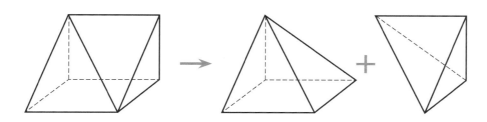

即，记阳马、鳖腨的体积分别为 S_y，S_B，则：

$$S_y : S_B = 2 : 1。$$

这就是著名的刘徽原理。刘徽用极限思想和无穷小分割方法证明了这个原理。

在证明了刘徽原理之后，刘徽又将其他多面体分解或合成为有限个长方体、堑堵、阳马和鳖腨，对它们的体积公式进行了证明，从而将多面体体积理论建立在极限思想和无穷小分割方法基础之上。因此，刘徽原理是其多面体体积理论的基础。

⑤ 方亭和棋验法

5.1 方亭及其体积公式

方亭即今之正锥台。《九章算术》给出其求积方法是——

　　上、下底面的边长相乘，又各自乘，将它们相加，以高乘之，除以3。

也就是说，设上底边长为 a_1，下底边长为 a_2，高为 h，则其体积公式为：

$$V = \frac{1}{3}(a_1 a_2 + a_1^2 + a_2^2)h。 \qquad （5-11-1）$$

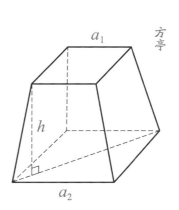

❓《九章算术》中只有一道关于方亭的例题——

假设有一个方亭，下底面是边长为5丈的正方形，上底面是边长为4丈的正方形，高是5丈。问：其体积是多少？

● 1丈 =10尺

由题可知，a_1=40，a_2=50，h=50。

将其代入（5-11-1）式，那么此方亭的体积为：

$$V = \frac{1}{3} \times [40 \times 50 + (40)^2 + (50)^2] \times 50$$

$$= 101666\frac{2}{3}\ (尺^3)。$$

5.2 棋验法

《九章算术》中的这些多面体体积公式都是怎样得出的呢？有人说中国古典数学是非逻辑的，是靠直观或悟性得到的。但是，有些公式非常复杂，显然无法靠直观和悟性得出，这说明当时必定有某种推导过程。

刘徽记载了用棋验法推导（5-11-1）式的过程。

棋验法要用三品棋，即广、长、高均为1尺的正方体、堑堵和阳马。

取一枚标准型方亭：其上底边长1尺，下底边长3尺，高1尺。它包含的三品棋有位于中央的立方体1个，位于四面的堑堵4个，位于四角的阳马4个。

然后构造第一个长方体，宽与标准型方亭的上底边长相等，为1尺；长是其下底边长，为3尺；高与标准方亭相等，为1尺。这个长方体的体积是a_1a_2h=1×3×1=3（尺^3）。它含有位于中央的正方体1个，位于两端的堑堵4个。

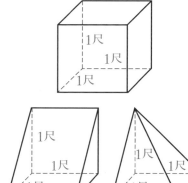

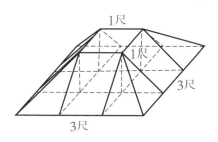

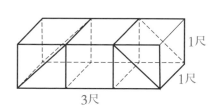

再构造第二个长方体，这实际上是一个方柱体，它底面的长和宽均是3尺，也就是标准型方亭的下底边长，高是1尺，其体积是：

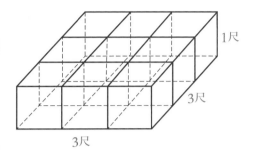

$$a_2^2 h = 3^2 \times 1 = 9 (尺^3)。$$

因为一个正方体可以分解为2个堑堵或者3个阳马，所以我们可以说这个新构造的长方体的中央有1个立方体，四面各有堑堵2个，四角各有阳马3个。

最后构造第三个长方体，这实际上是一个以标准方亭的上底边长1尺为边长的正方体，其体积是：$a_1^2 h = (1)^2 \times 1 = 1 (尺^3)$，它其实就是1个中央正方体。

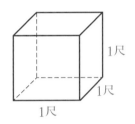

这三个构造出来的长方体一共有立方体3个、堑堵12个、阳马12个，与标准方亭所含中央立方体1个、四面堑堵4个、四角阳马4个相比较，构成标准方亭的三品棋的个数都从1个变成了3个。也就是说，将三个长方体的体积 $a_1 a_2 h + a_2^2 h + a_1^2 h$ 除以3，就可以得到（5-11-1）式，就是一个标准方亭的体积。

然而，棋验法只适用于标准型方亭，因为对一般的方亭，尽管我们也可以构造三个长方体，但其中所含的3个立方体、12个堑堵和12个阳马都不是三品棋，其宽、长、高不相等，无法重新组合成三个方亭。同样，对其他多面体而言，也不能用棋验法证明一般多面体的体积公式。棋验法是《九章算术》成书时代推导多面体体积公式的方法。

5.3 方亭的新体积公式

在证明了刘徽原理之后，刘徽提出了求方亭体积的新方法——

> 又可以使上、下两底边长的差自乘，以高乘之，除以3，就是四角4个阳马的体积；上、下底边长相乘，以高乘之，就是中央1个方柱体与四面4个堑堵的体积。两者相加，就是方亭的体积尺数。

也就是：
$$V = \frac{1}{3}(a_2 - a_1)^2 h + a_1 a_2 h。 \qquad （5-11-2）$$

（5-11-2）式适用于任何一个方亭，它的推导过程如下。

将方亭分割为中央1个长方体、四面4个堑堵和四角4个阳马。

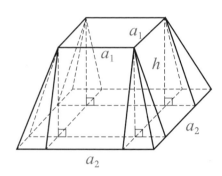

其四角4个阳马的体积是$\frac{1}{3}(a_2-a_1)^2h$，中央1个长方体与四面4个堑堵的体积是a_1a_2h。

四角的4个阳马相等，底边是$\frac{1}{2}(a_2-a_1)$，高是h，其体积是

$$\frac{1}{3}\left[\frac{1}{2}(a_2-a_1)\times\frac{1}{2}(a_2-a_1)h\right]=\frac{1}{3}\times\frac{1}{4}(a_2-a_1)^2h,$$

那么4个阳马的总体积是$\frac{1}{3}(a_2-a_1)^2h$；

中央1个长方体的底边长是a_1，高是h，其体积是a_1^2h；

四面的4个堑堵相等，底长是a_1，宽是$\frac{1}{2}(a_2-a_1)$，高是h，其体积是

$$\frac{1}{2}a_1\times\frac{1}{2}(a_2-a_1)h=\frac{1}{4}a_1(a_2-a_1)h,$$

那么4个堑堵的总体积是$a_1(a_2-a_1)h$。

因此，中央1个长方体、四面4个堑堵的体积之和就是

$$a_1^2h+a_1(a_2-a_1)h=a_1^2h+a_1a_2h-a_1^2h=a_1a_2h；$$

再加上四角的4个阳马的体积，就得到方亭的体积

$$V=\frac{1}{3}(a_2-a_1)^2h+a_1a_2h,$$

即（5-11-2）式。

6 刍甍

刍（chú）的意思是草，甍（méng）指的是屋脊。刍甍的下底面有宽、长，上边只有长没有宽，下长大于上长。刘徽说："从正面切割下方亭的两边，合起来，就是刍甍的形状。"《九章算术》提出求刍甍的体积的方法为——

　　将下长加倍，加上长，以宽乘之，又以高乘之，除以6。

刍甍

也就是，设宽为a，上长为b_1，下长为b_2，高为h，则刍甍体积公式是：

$$V = \frac{1}{6}(2b_2 + b_1)ah。 \qquad (5\text{-}12)$$

刘徽也记载了《九章算术》时代用棋验法推导（5-12）式的过程，同样只是适用于标准型刍甍。

刘徽还给出了新的刍甍体积公式：

$$V = \frac{1}{3}a(b_2 - b_1)h + \frac{1}{2}ab_1h。$$

这个公式和方亭的新体积公式的推导过程相似，也是将刍甍分割成中央2个堑堵、四角4个阳马，再求其体积之和得到的。

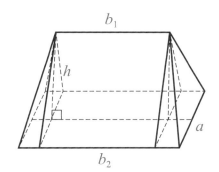

7 刍童、曲池、盘池、冥谷

若刍甍有上宽，便成为刍童，《九章算术》中盘池、冥谷等立体图形，其形状都与刍童相同，只在方向上有区别。

曲池是上宽下窄，上长下短的环缺状深槽。

《九章算术》求这几种立体图形体积的方法是——

> 刍童、曲池、盘池、冥谷都用同一条术。
> 术：将上长加倍，加下长，又将下长加倍，加上长，分别以各自的宽乘之。将它们相加，以高或深乘之，除以6。

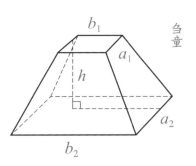

也就是，设刍童上顶的宽为a_1，长为b_1，下底的宽为a_2，长为b_2，高为h，则其体积公式为：

$$V = \frac{1}{6}[(2b_1 + b_2)a_1 + (2b_2 + b_1)a_2]h。 \qquad (5\text{-}13)$$

刘徽也记载了《九章算术》时代用棋验法推导（5-13）式的过程，同样只是适用于标准型的刍童、曲池、盘池和冥谷。

关于刍童、曲池、盘池和冥谷这几个立体图形，刘徽还给出了两个新的体积公式，一个是

$$V = \frac{1}{3}(a_2 - a_1)(b_2 - b_1)h + \frac{1}{2}(a_2b_1 + a_1b_2)h；$$

另一个是

$$V = \frac{1}{3} \left[\frac{1}{2} (a_1 b_2 + a_2 b_1) + (a_2 b_2 + a_1 b_1) \right] h。$$

这两个公式都是通过将刍童等分割成若干个长方体、堑堵和阳马，再求其体积之和得到的。

⑧ 羡除

羡除也是一种楔形体，有三个宽，至少有一个宽不与另外两个宽相等，长所在的平面与高所在的平面垂直。刘徽说："羡除，实际上是一条隧道。"

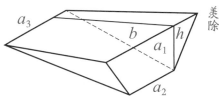

《九章算术》中求羡除体积的方法是——

将三个宽相加，以深乘之，又以长乘之，除以 6。

也就是，设羡除的上宽为 a_1，下宽为 a_2，末宽为 a_3，深为 h，长为 b，则其体积为：

$$V = \frac{1}{6} (a_1 + a_2 + a_3) bh。 \qquad\qquad (5\text{-}14)$$

刘徽不但记载了《九章算术》时代用棋验法对有两宽相等的羡除体积的推导过程，还通过将羡除分割成堑堵、阳马和鳖臑，求它们体积之和的方法证明了（5-14）式。值得注意的是，在对两宽相等与三宽不相等的几种羡除进行分割时会得到几个四面并不都是勾股形的四面体，刘徽也将它们称作鳖臑，并且证明它们都可以用（5-10）式来求体积。刘徽接近于提出：任何四面体的体积公式都是（5-10）。

刘徽在求这种四面体的体积时还用到了截面积原理：如果两个多面体每一层都是相等的方形，则它们的体积相等。

圆体体积

《九章算术》商功章有关于圆柱、圆锥、圆亭等圆体的体积问题，少广章使用了错误的球的体积公式，一共有四个圆体体积问题。

① 圆柱

圆柱在《九章算术》中被称为圆堌墙，又被称为圆囷（qūn），意为圆形谷仓。《九章算术》中求圆柱体积的方法是——

底面圆周长自乘，以高乘之，除以12。

也就是说，设圆柱的周长为L，高为h，则其体积公式为：

$$V=\frac{1}{12}L^2h。 \tag{5-15}$$

② 圆锥

《九章算术》商功章的圆锥，其名称和形状与今相同。后面还有"委粟术"，委粟是在地上堆放的谷子，呈圆锥形，要用到圆锥体积公式。

《九章算术》提出的圆锥的求体积方法是——

下底周长自乘，以高乘之，除以36。

也就是，设圆锥底的周长为L，高为h，则圆锥体积公式为：

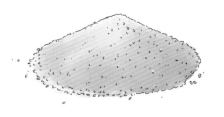

$$V=\frac{1}{36}L^2h。 \tag{5-16}$$

《九章算术》是通过比较圆锥与以圆锥底面的周长为底边长的方锥的底面积，来推导圆锥体积公式的。

③ 圆亭

《九章算术》之圆亭即今之圆台，圆亭的求体积方法是——

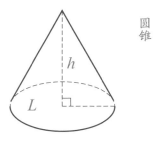

上、下底周长相乘，又各自乘，将它们相加，以高乘之，除以36。

也就是，设上周L_1，下周为L_2，高为h，则圆亭体积公式为：

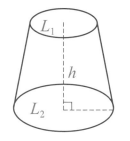

$$V=\frac{1}{36}(L_1L_2+L_1{}^2+L_2{}^2)h。 \tag{5-17}$$

（5-15）式，（5-16）式和（5-17）式在理论上是正确的，但是由于它们对应采用的圆面积公式（5-4-4）的系数由 π =3导出，因而并不准确。刘徽用徽率 $\frac{157}{50}$ 修正了（5-17）式，得出： $V=\frac{25}{942}(L_1L_2+L_1{}^2+L_2{}^2)h$ 。

后来李淳风等又用 $\frac{22}{7}$ 修正了（5-17）式，得出： $V=\frac{7}{264}(L_1L_2+L_1{}^2+L_2{}^2)h$ 。

④ 球

《九章算术》中提出了开立圆术，立圆就是球。

设球的体积为 V ，则直径 $d=\sqrt[3]{\frac{16}{9}V}$ 。这实际上是对球体积公式 $V=\frac{9}{16}d^3$ 的逆运算。

我们在前面讲过，刘徽指出这个公式是错误的。

刘徽取两个相等的圆柱体，将其正交，其公共部分称为牟合方盖。

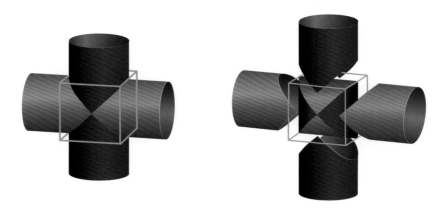

刘徽认为，球与牟合方盖的体积之比是 π ：4。只要求出牟合方盖的体积，就可以得到球体积的正确公式。设牟合方盖的体积为 $V_{方盖}$ ，则：

$$V=\frac{\pi}{4}V_{方盖}。$$

刘徽没能求出 $V_{方盖}$ 。二百多年后，祖暅之才圆满解决了这个问题。

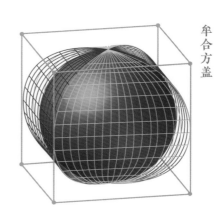

牟合方盖

勾股测望

勾股定理

根据《周髀算经》的记载，数学家陈子计算太阳高度和日地距离的方法就应用了完整的勾股定理。《九章算术》勾股章明确提出了勾股术——

　　勾、股各自乘，相加，而对之作开方除法，就得到弦。
　　又，股自乘，以它减弦自乘，对其余数作开方除法，就得到勾。
　　又，勾自乘，以它减弦自乘，对其余数作开方除法，就得到股。

用公式来表达，依次就是：

$$c=\sqrt{a^2+b^2}, \qquad (5\text{-}18\text{-}1)$$

$$a=\sqrt{c^2-b^2}, \qquad (5\text{-}18\text{-}2)$$

$$b=\sqrt{c^2-a^2}。 \qquad (5\text{-}18\text{-}3)$$

（5-18-1）式通常又可以表示成：

$$c^2=a^2+b^2。 \qquad (5\text{-}18\text{-}4)$$

《九章算术》对每条术文分别给出了一道例题。

　　假设勾股形中勾是3尺，股是4尺，问：相应的弦是多少？
由（5-18-1）式，得出弦 $c=\sqrt{a^2+b^2}=\sqrt{(3)^2+(4)^2}=5$（尺）。

　　假设勾股形中股是4尺，弦是5尺，问：相应的勾是多少？
由（5-18-2）式，得出勾 $a=\sqrt{c^2-b^2}=\sqrt{(5)^2-(4)^2}=3$（尺）。

　　假设勾股形中弦是5尺，勾是3尺，问：相应的股是多少？
由（5-18-3）式，得出股 $b=\sqrt{c^2-a^2}=\sqrt{(5)^2-(3)^2}=4$（尺）。

　　刘徽记载了对（5-18-1）式的推导过程，但是文字过于简洁，以致后人关于到底是如何"出入相补"的争论不休，有的著作中甚至记载了三十几种不同的"出入相补"方式。

《九章算术》中有两个直接应用勾股定理的例题，其中一个是——

假设有一圆形木材，其截面的直径是2尺5寸，想把它锯成一条方板，使它的厚为7寸。问：它的宽是多少？

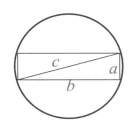

当时的数学家已经明白圆的直径所对的圆周角是直角。

本题中2尺5寸作为弦c，方板的厚7寸作为勾a，所要求的方板的宽就是股b，构成一个直角三角形。

应用（5-18-3）式，那么方板的宽即股：

$$b=\sqrt{c^2-a^2}=\sqrt{25^2-7^2}=24（寸）。$$

解勾股形

解勾股形是已知勾、股、弦的某些和差关系，应用勾股定理求勾、股、弦的问题。《九章算术》解决了五种情形的问题。

① 已知勾与股弦差，求股、弦

勾股章引葭（jiā，芦苇）赴岸、系索、倚木于垣（yuán，墙）、勾股锯圆材、开门去阃（kǔn，门槛）等问都是已知勾与股弦差，求股、弦的问题。

 勾股章"引葭赴岸问"

假设有一水池，1丈见方，一株芦苇生长在它的中央，露出水面1尺。把芦苇扯向岸边，顶端恰好与岸相齐。问：水深、芦苇的长各是多少？

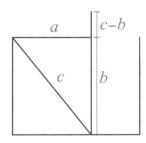

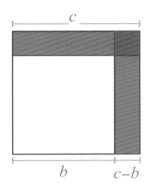

解题时，先构造勾股形：取水池边长 1 丈的 $\frac{1}{2}$，得到 5 尺，作为勾 a，水深作为股 b，芦苇的长作为弦 c。我们已知勾 $a=5$，以及股弦差 $c-b=1$，因此这道题就是在已知勾与股弦差的情况下，求股和弦的长度。

用股和弦表示出勾：$a^2=c^2-b^2$。

假设有两个分别以股 b 和弦 c 为边长的正方形，图中两个红色的长方形面积均为 $b(c-b)$，蓝色正方形的面积为 $(c-b)^2$。

红色长方形面积又等于：

$$c^2-b^2-(c-b)^2=a^2-(c-b)^2。$$

由此可以得到等式：$a^2-(c-b)^2=2b(c-b)$。

经过整理，得到水深：

$$b=\frac{a^2-(c-b)^2}{2(c-b)}=\frac{25-1^2}{2}=12（尺）。$$

芦苇长：$c=b+1=13（尺）$。

② 已知勾与股弦和，求股、弦

勾股章"竹高折地问"

假设有一棵竹，高 1 丈，末端折断，抵到地面处距竹根 3 尺。问：折断后的高是多少？

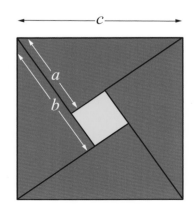

这里以抵到地面处距竹根的3尺作为勾a，折断之后余下的高作为股b，那么自折断处至抵地处就是弦c，形成一个直角三角形。

先考虑勾的平方a^2，$a^2=c^2-b^2=(c+b)(c-b)$。

股与弦的和为$c+b$，就是竹原高1丈，以它除勾的平方a^2，便得到股弦差，即$c-b=a^2\div(c+b)$。

因为用两数和减两数差然后除以2，可以得较小的数；用两数和加两数差然后除以2，可以得较大的数，可以得到：

$$b=\frac{1}{2}\left[(c+b)-(c-b)\right]。$$

由此可以得出：$b=\frac{1}{2}\{(c+b)-[a^2\div(c+b)]\}$。　　　　　　（5-19）

再将勾$a=3$，股弦和$c+b=10$代入（5-19）式，就能得到股，即折断之后的高：

$$b=\frac{1}{2}\left[10-(3^2\div10)\right]=4\frac{11}{20}（尺）。$$

③ 已知弦与勾股差，求勾、股

勾股章"户高多于广问"

假设有一门户，高比宽多6尺8寸，两对角相距恰好1丈。问：此门户的高、宽各是多少？

户宽a、户高b、两对角距离c形成一个勾股形，则高多于宽的部分就是勾股差$b-a$。

作以弦c为边长的正方形，将其分解为4个以a，b为勾、股的勾股形，称为朱幂，及一个以勾股差$b-a$为边长的小正方形，称为黄方。这个正方形的面积c^2就等于四边4个朱幂与中间的黄方之和，也就是：

$$c^2=4\times\frac{1}{2}ab+(b-a)^2=2ab+(b-a)^2。$$

取 2 个以 c 为边长的正方形，其面积为 $2c^2$。

将其中一个正方形的黄方除去，把 4 个剩余的朱幂拼补到另一个正方形上，则成为一个以勾股之和 $a+b$ 为边长的大正方形。其面积为边长的平方 $(a+b)^2$，同时，这个大正方形的面积又等于两个正方形减去一个黄方，也就是 $2c^2-(b-a)^2$。

于是得到等式：

$$(a+b)^2=2c^2-(b-a)^2。 \tag{5-20}$$

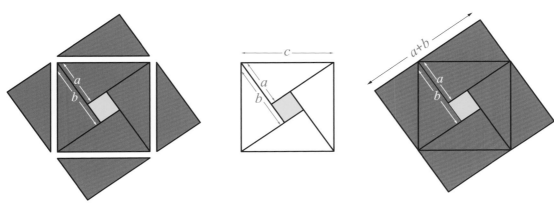

将（5-20）式两边开方即得到：

$$a+b=\sqrt{2c^2-(b-a)^2}。$$

那么由

$$a=\frac{1}{2}\left[(a+b)-(b-a)\right],\quad b=\frac{1}{2}\left[(a+b)+(b-a)\right],$$

我们可以得到：

$$a=\frac{1}{2}\left[\sqrt{2c^2-(b-a)^2}-(b-a)\right], \tag{5-21-1}$$

$$b=\frac{1}{2}\left[\sqrt{2c^2-(b-a)^2}+(b-a)\right]。 \tag{5-21-2}$$

由题目已知 $c=100$，$(b-a)=68$，将它们代入（5-21-1）式，就得到户宽

$$a=\frac{1}{2}\left[\sqrt{2\times100^2-68^2}-68\right]=28（寸）；$$

代入（5-21-2）式，就得到户高

$$b=\frac{1}{2}\left[\sqrt{2\times100^2-68^2}+68\right]=96（寸）。$$

刘徽在"户高多于广问"的注中，还提出了已知勾股和与弦求勾、股的公式，感兴趣的读者可以自己推导一下：

$$a=\frac{1}{2}[(b+a)-(b-a)]=\frac{1}{2}(b+a)-\frac{1}{2}\sqrt{2c^2-(b+a)^2},$$

$$b=\frac{1}{2}[(b+a)+(b-a)]=\frac{1}{2}(b+a)+\frac{1}{2}\sqrt{2c^2-(b+a)^2}.$$

④ 已知勾弦差、股弦差，求勾、股、弦

❓ 商功章"持竿出户问"

假设有一门户，不知道它的高和宽，一根竹竿，不知道它的长短。将竹竿横着，长了4尺出不去，将它竖起来，长了2尺出不去，将它斜着恰好能出门。问：门户的高、宽、斜各是多少？

这里以门户的宽作为勾 a，门户的高作为股 b，门户的对角线长作为弦 c。

作以边长为 c 的正方形，在其左下角取一边长为 b 的正方形，右上角取一边长为 a 的正方形。

图中黄方的边长为 $a-(c-b)=a+b-c$，

面积为 $(a+b-c)^2$；

两个蓝色长方形面积相等，长宽分别为 $c-a$ 及 $c-b$，面积之和为 $2(c-a)(c-b)$。

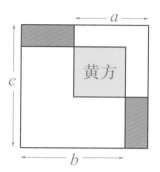

因为 $c^2=a^2+b^2$，可以得出，图中黄方的面积（即 a^2 和 b^2 重叠的部分的面积）等于两个蓝色长方形的面积之和（即 c^2 中剩余的面积），因此得到等式：

$$(a+b-c)^2=2(c-a)(c-b)。$$

对之开方，便得到黄方的边长：$a+b-c=\sqrt{2(c-a)(c-b)}$。

则勾 a 的长就等于黄方的边长加上（$c-b$），即

$$a=\sqrt{2(c-a)(c-b)}+（c-b）=\sqrt{2\times4\times2}+2=6（尺）;$$

股 b 的长就等于黄方的边长加上（$c-a$），即

$$b=\sqrt{2(c-a)(c-b)}+（c-a）=\sqrt{2\times4\times2}+4=8（尺）;$$

弦 c 的长就等于黄方的边长加上（$c-b$）和（$c-a$），即

$$c=\sqrt{2(c-a)(c-b)}+（c-b）+（c-a）=\sqrt{2\times4\times2}+2+4=10（尺）。$$

勾股数组

大家都知道，任何一个直角三角形的 3 个边的长度构成的数组 (a,b,c) 都满足勾股定理 $a^2+b^2=c^2$。因此存在着无穷多个勾股形。换言之，$a^2+b^2=c^2$ 是一个不定方程，它有无穷多组解。人们把满足勾股定理 $a^2+b^2=c^2$ 的数组 (a,b,c) 称为勾股数组。一个能将所有的勾股数组表示出来的公式，就被称为勾股数组的通解公式。这个公式就是：

$$a：b：c=\frac{1}{2}(m^2-n^2)：mn：\frac{1}{2}(m^2+n^2)。$$

自古希腊时代起，人们就开始寻求勾股数组的通解公式，包括毕达哥拉斯、柏拉图、欧几里得等大师都曾为此而努力，但成果都不理想。学术界一般认为，世界上最先给出其

通解公式的是3世纪的丢番图。实际上，丢番图只给出了求直角三角形有理数边长的公式：$a=\dfrac{2mc}{m^2+1}$，$b=ma-c=\dfrac{m^2-1}{m^2+1}$，只有对它作$\dfrac{u}{v}=m$，$c=u^2+v^2$的变换才成为勾股数组的通解公式。

而在丢番图之前四五百年的《九章算术》勾股章"二人同所立问"和"二人俱出邑中央问"中就已经使用了勾股数组通解公式。前者是——

> 假设有二人站在同一个地方。甲走的速率是7，乙走的速率是3。乙向东走，甲向南走10步，然后斜着向东北走，恰好与乙相会。问：甲、乙各走了多少步？

《九章算术》的解法是——

> 令7自乘，3也自乘，两者相加，除以2，作为甲斜着走的速率。从7自乘结果中减去甲斜着走的速率，其余数作为甲向南走的速率。以3乘7作为乙向东走的速率。布置甲向南走的10步，以甲斜着走的速率乘之；在旁边布置10步，以乙向东走的速率乘之；各自作为实。实除以甲向南走的速率，分别得到甲斜着走的及乙向东走的步数。

刘徽注中说："此处以向南走的距离作为勾，向东走的距离作为股，斜着走的距离作为弦，那么勾弦和率就是7。"此问设$(c+a):b=7:3$。若以m表示勾弦并率，n表示股率，即$(c+a):b=m:n$，便可以得到：

$$a:b:c=\frac{1}{2}(m^2-n^2):mn:\frac{1}{2}(m^2+n^2)。\qquad\qquad(5\text{-}22)$$

现代数论证明，若m，n互素，则（5-22）式就是勾股数组的通解公式。而在这个题目中，$m:n=7:3$，在"二人俱出邑中央问"中$m:n=5:3$，两题中m，n皆互素，表明《九章算术》的编纂者对勾股数组通解公式的条件已有某种认识。

勾股容圆

《九章算术》勾股章提出了勾股容方、容圆问题，其中勾股容圆开创了中国古代此项研究之先河。

勾股容圆是已知直角三角形的勾、股，求该三角形的内切圆的直径。

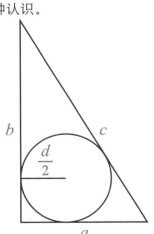

勾股容圆问

假设一三角形的勾是8步，股是15步。问：三角形中内切一个圆，它的直径是多少？

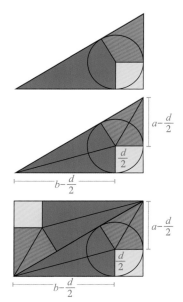

关于本题刘徽给出了两种解法，其中一种依据了出入相补原理。从内切圆的圆心向三角形的三个边作垂线，将三角形分解成1个黄幂、1个朱幂与1个青幂。

连接圆心和三角形弦的2个顶点，设圆直径为d。黄幂是边长为圆半径的正方形。朱幂由2个小直角三角形组成，其小勾是圆半径，而小股是勾与圆半径之差$a-\dfrac{d}{2}$；青幂也由2个直角三角形组成，其小勾是圆半径，而小股是股与圆半径之差$b-\dfrac{d}{2}$。

将勾与股相乘作为图形的主体，含有朱幂、青幂、黄幂各2个。再将其加倍，则各为4个，其面积为$2ab$。

刘徽把这幅图画到小纸片上，从斜线与横线、竖线交会之处将其裁开，通过出入相补，便拼合成为一个以圆直径d作为宽，以勾、股、弦相加$a+b+c$作为长的长方形。

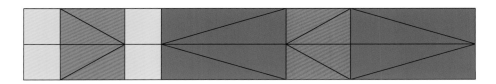

这个长方形的面积等于4个三角形的面积，即$4\times\dfrac{1}{2}ab$，又等于它的长乘以宽，即$d(a+b+c)$，我们可以得到等式$4\times\dfrac{1}{2}ab=d\,(a+b+c)$，经过整理，我们便得到计算三角形内切圆直径的公式：

$$d=\frac{2ab}{a+b+c}。$$

（5-23）

勾a=8，股b=15，先求出弦c=17，然后代入（5-23）式，得到内切圆的直径：

$$d=\frac{2ab}{a+b+c}=\frac{2\times8\times15}{8+15+17}=6（步）。$$

刘徽又根据相似勾股形对应边成比例的原理阐述了此术。

以到勾、股、弦的三个半径相等的点为圆心画出圆，从圆心到勾、股画出一个小正方形。

过圆心画出平行于弦的中弦，那么勾、股的中部都有小直角三角形，将其勾、股、弦分别记为 a_1，b_1，c_1；a_2，b_2，c_2。

显然勾上的小股 b_1、股上的小勾 a_2 都是小正方形的边长，是圆直径的一半，即：

$$b_1 = a_2 = \frac{d}{2}。$$

由刘徽提出的相似勾股形对应边成比例的原理，有：

$$a_1 : b_1 : c_1 = a_2 : b_2 : c_2 = a : b : c。$$

因此可以对它们施行衰分术，以勾 a、股 b、弦 c 作为列衰，在旁边将它们相加即 $a+b+c$ 作为法。以勾 a 乘未相加的勾、股、弦，各自作为实。实除以法，得到勾边上的小股 $b_1 = \frac{ab}{a+b+c}$，就又能得到（5-23）式。

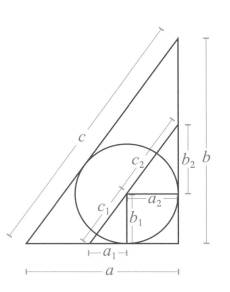

测望问题

人们日常生活中，经常会产生这样的问题：天天给我们光和温暖的太阳有多大，有多高？我们居住的城池有多宽，有多长？远处的树木，或者高山有多远，有多高？这都可以被归为测望问题。

① 一次测望

所谓"一次测望"就是测望一次的问题，这是相对于重差术要测望两次、三次甚至四次而言的。《九章算术》勾股章中有7个测望问题，其分量仅次于解勾股形问题。《九章算术》的测望问题多数和城池相关。

？ 勾股章中的一次测望问题

假设有一座正方形的城，每边长200步，在各城墙的中间开门。出东门15步处有一棵树。问：出南门多少步才能见到这棵树？

以出东门的距离 BC 为勾、东门至城的东南角 AC 为股，构成一个勾股形 ABC；以南门至城东南角 AD 为勾，以南门至能看到树的位置 E 的距离 DE 为股，构成另一个勾股形 EAD，它们相似。

出东门 BC 为勾率 a，东门至东南角 AC 为股率 b，南门至东南角 AD 为勾，而 $AD=b$。DE 为股，由"勾股相与之势不失本率"的原理可以得到 $\dfrac{AD}{DE}=\dfrac{a}{b}$。

代入此题中的 $a=15$ 步，$b=100$ 步，那么出南门步数：

$$DE=\frac{100^2}{15}=666\frac{2}{3}\text{（步）}。$$

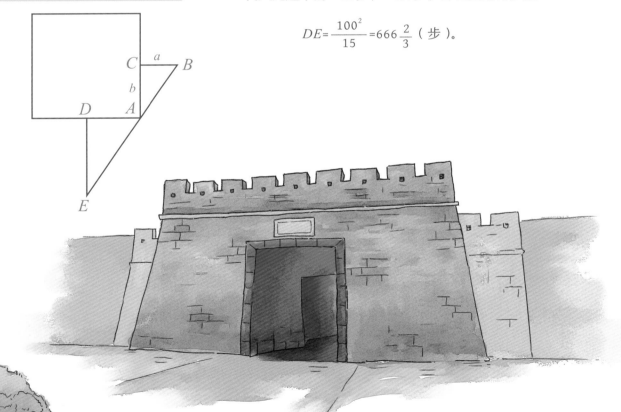

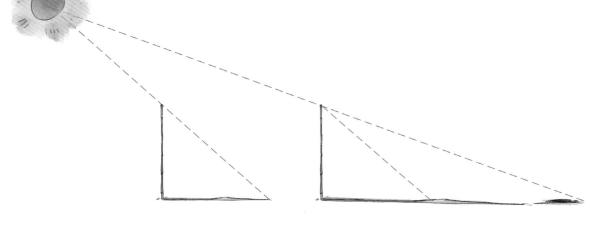

② 重差术

　　对空中的太阳、远处的高山、宽广的海洋等可望而不可即、无法度量的对象，又要如何进行测望呢？刘徽发现"九数"中有"重差"这一名目，推求其宗旨，就是用于解决这类"遥远渺茫"的问题的。重差术最早出现于汉朝，西汉刘安《淮南子》和东汉末（也有说三国吴）赵爽《周髀算经注》中都有相关记载。刘徽指出："凡是测望极高、极深而同时又要知道它的远近的问题，必须用重差、勾股。"他进而阐发了用重差术测望太阳高远的方法。

> **？ 利用重差术测量太阳高度**
>
> 刘徽《九章算术序》说：在洛阳城竖立两根表，高都是 8 尺，使之呈南北方向，并且都在同一水平地面上。同一天中午测量它们的影子。以它们的影长之差作为法（除数）。以表高乘两表间的距离作为实（被除数）。实除以法，所得到的结果加表高，就是太阳到地面的距离。以南表的影长乘两表间的距离作为实。实除以法，就是南表到太阳直射处的距离。

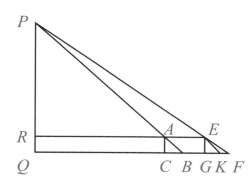

　　记表高为 h，南表影长为 l_1，北表影长为 l_2；日为 P，太阳直射地球的距离 PQ 为 H；南表为 AC，影长为 $BC=l_1$；北表为 EG，影长为 $GF=l_2$，表高 AC 及 EG 为 h，两表间距 $CG=l$。

　　那么太阳与地球的垂直距离就是：

$$H=\frac{lh}{l_2-l_1}+h。 \qquad (5\text{-}24\text{-}1)$$

　　南表至太阳直射处的距离 CQ 为 L，则：

$$L=\frac{ll_1}{l_2-l_1}。 \qquad (5\text{-}24\text{-}2)$$

然后，刘徽感慨道："即使是圆穹的天象也是可以测度的，又何况是泰山之高与江海之广呢！"据考证，刘徽确实用重差术测望过泰山的高度，他当时的测算结果是泰山玉皇顶高1820米。实际上，对于山峰高度进行测算是一个难度很大的工程，在将近两千年后，人们采用近代方法测得泰山的高度为1545米。清代大学者阮元也曾用重差术测望过泰山，测得泰山高度为827.36米。这样比较起来，刘徽所测算的结果与实测的差距比1500多年后的阮元所测的差距小得多。其实，直到20世纪初，关于黄山天都峰、峨眉山高度的测量仍然存在极大的误差，最多时甚至会和实际高度相差460多米，更可见当时刘徽的测望结果还是相当准确的。

　　刘徽在《九章算术序》中又说："我认为，当今的史籍尚且略举天地间的事物。为了考论它们的数量，记载在各种志书中，以阐发人世间数学方法的美妙，于是我特地撰著《重差》一卷，并且为之作注解，以推寻古人的意图，接在《勾股》的后面。测望某目标的高用二根表，测望某目标的深用重叠的矩，对孤立的目标要三次测望，对孤立的而又要求其他数值的目标要四次测望。通过类推而不断增长知识，那么，即使是深远而隐秘不露，也没有不契合的。"

前面已经说过，《九章算术》并没有建立起中国古典数学的体系，只是建立了其基本框架。我们认为，奠定了中国古典数学的理论基础并建立起其理论体系的，是公元263年刘徽的《九章算术注》。

刘徽的数学定义和演绎推理

为了说明刘徽的理论贡献，我们首先需要考察一下刘徽的数学定义和推理，特别是演绎推理。

刘徽的数学定义

在中国历史上，第一次为数学概念给出定义的是先秦墨家的《墨子》。比如圆的定义："圆，一中同长也。"意思是，圆就是周上的点到其中心的长度都相同的图形。而在《九章算术》中，数学概念的含义靠约定俗成，可以说没有任何数学意义上的定义。

刘徽继承了墨家的传统，对于许多数学概念，比如"幂""率""方程""齐""同"等都给出了严格的定义。以正负数的定义为例："今两算得失相反，要令正负以名之。"（如果两个算数所表示的得与失是相反的，必须引入正负数以命名之。）在这里，"正负数"与"两算得失相反"，其外延（也就是它们的适用范围）相同，既不过大，也不过小，是相称的；定义中没有包含被定义项，没有犯循环定义的错误；没有使用否定的表达，没有比喻或含混不清的语言。总之，这个定义大体符合现代逻辑学关于定义的要求。刘徽其他的定义也大多符合这些要求，并且一般说来，刘徽的定义一经给出，便在整个《九章算术注》中保持着同一性。

刘徽的演绎推理

中国古代科学和数学中有没有逻辑，是国内外学术界长期争论的一大问题。20世纪20年代，爱因斯坦在中国进行的一次讲演中说，中国古代科学中从来没有形式逻辑。直到20世纪80年代，这句话还被许多人奉为金科玉律，被他们当成中国近代科学技术落后的原因之一。这根本是错误的。首先，讨论任何问题，都不应以名家的言论作为出发点，出发点应该是事实。其次，尽管爱因斯坦的科学贡献尽人皆知，但是他对于中国古代历史的了解未必比一位优秀的中国中学生更多。把他关于中国古代科学的话作为问题的出发点，可笑至极！

那么，刘徽注中到底使用了什么逻辑呢？

形式逻辑包括归纳逻辑和演绎逻辑。归纳是由一系列具体事实概括出一般原理的推理方法；演绎是从一般到特殊的逻辑推理方法，也常被称为一种必然性推理。只要读一下刘徽的《九章算术注》就会发现，他不仅使用了举一反三、告往知来、触类而长等类比方法来扩充数学知识，而且在论述中普遍使用了归纳逻辑和演绎逻辑，尤其主要使用了演绎逻辑。

① 三段论和关系推理

三段论是演绎逻辑中最重要的推理方式，由大前提和小前提共同推出结论。刘徽使用三段论的例子有很多，如卷七盈不足术"共买琎（jìn）问"中刘徽注对两次假设有分数情况的处理，就是一个典型的三段论推理——

　　注云："如果两个假设中有分数，则使它们的分子相齐，使它们的分母相同。"这个问题中两个假设都出现分数，所以要使它们的分子相齐，使它们的分母相同。

这段话分解来看就是：

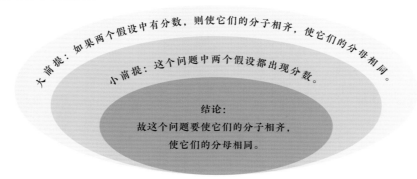

大前提：如果两个假设中有分数，则使它们的分子相齐，使它们的分母相同。

小前提：这个问题中两个假设都出现分数。

结论：
故这个问题要使它们的分子相齐，
使它们的分母相同。

显然，这个推理完全符合三段论的规则。

作为数学著作，刘徽注更多地使用了关系推理。其实，关系推理是三段论的一种特殊的表述方式。刘徽使用的关系推理以等量关系推理居多。比如刘徽在证明圆面积公式 $S=\dfrac{1}{2}Lr$（其中 S 是圆面积，L 是圆周长，r 是圆半径）之后，证明圆面积的另一公式 $S=\dfrac{1}{4}Ld$（其中 d 是直径）的方式是：

已知 $\qquad\qquad S=\dfrac{1}{2}Lr,$

及 $\qquad\qquad r=\dfrac{1}{2}d,$

故 $\qquad\qquad S=\dfrac{1}{2}Lr=\dfrac{1}{2}L\times\dfrac{1}{2}d=\dfrac{1}{4}Ld。$

刘徽也使用了不等量关系判断。比如《九章算术》在开立圆术中使用了错误的球体积公式 $V=\dfrac{9}{16}d^3$（其中 v，d 分别是球的体积和直径）。刘徽记载了这个错误公式的推导过程：以球直径为边长的正方体与内切圆柱体的体积之比 4：3（圆周率取 3），圆柱体与内切球的体积之比也是 4：3，所以正方体与内切球的体积之比为 16：9。刘徽认为这是错误的。他用两个圆柱体垂直相交，其公共部分称作牟合方盖。刘徽认为，牟合方盖与内切球的体积之比是 4：π，而牟合方盖的体积不等于（实际上小于）外接圆柱体。其推理模式是：

$\qquad\qquad$ 牟合方盖：球 =4：π，

$\qquad\qquad$ 圆柱：球 ≠ 牟合方盖：球，

故 $\qquad\qquad$ 圆柱：球 ≠ 4：π。

这就从根本上推翻了《九章算术》所使用的错误公式。

② 假言推理

刘徽还使用了假言推理，这是数学推理中常用的一种形式。我们看看刘徽使用的充分条件假言推理。如商功章"羡除术"中的刘徽注说："将方锥与阳马由底向上推广，所连接出的各层没有一层不是相等的正方形，所以它们的体积相等。"这里讲得比较概括，完整地说，这个推理就是：

若两立体图形每一层都是相等的方形（P），则其体积相等（Q），

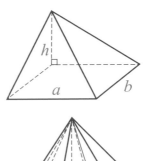

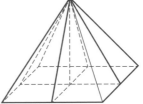

同底等高的方锥与阳马每一层都是相等的方形（P），

故　　方锥与阳马的体积相等（Q）。

显然，完全符合充分条件假言推理的形式：

若P，则Q，

今P，

故Q。

刘徽深深懂得，在充分条件假言推理中，若P，则Q；若非P，则Q真假不定。我们在前面已经讲过，一个正方体沿相对两棱剖开，就得到两个楔形体，《九章算术》中将其称作"堑堵"；将一个堑堵沿某个顶点到相对的棱剖开，就得到两个多面体，一个被称作"阳马"，实际上是一棱垂直于底面的四棱锥，另一个被称作"鳖腝"，实际上是四面都是直角三角形的四面体。

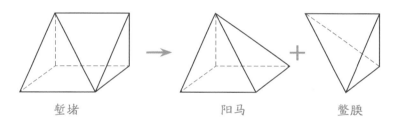

堑堵　　　　　　　　阳马　　　鳖腝

《九章算术》给出了堑堵的体积公式 $v_q = \frac{1}{2}abh$，阳马的体积公式 $v_y = \frac{1}{3}abh$，以及鳖腝的体积公式 $v_b = \frac{1}{6}abh$。其中 v_q，v_y，v_b，a，b，h 分别是堑堵、阳马、鳖腝的体积和它们的宽、长、高。由于一个正方体可以分割为3个全等的阳马或6个三三全等、两两对称的鳖腝，那么这些公式无疑是正确的。然而，当长、宽、高不相等时，一个长方体分割出的3个阳马不会全等，6个鳖腝既不三三全等，也不两两对称，就不能判断这些公式的正确性。其推理形式是：

若多面体其形体态势都是互相通达的（P），则其体积相等（Q）；

今多面体体势不互相通达（非P）；

因此就不能用这种方法了（Q真假不定）。

因此，为了证明阳马、鳖腝的体积公式，刘徽必须另辟蹊径，用极限思想和无穷小分割方法证明了刘徽原理。

刘徽还使用了选言推理、二难推理，甚至还多次用到无限递推，这实际上是数学归纳法的雏形。可以说，现代形式逻辑教科书中的几种主要的演绎推理形式，刘徽都使用了。

刘徽的数学理论体系

以多面体体积理论为例

通过析理，刘徽使分数、率、面积、体积和勾股等知识乃至整个数学知识都形成了自己的理论体系。而刘徽的体系与《九章算术》是有所不同的。以体积问题为例，《九章算术》时代的多面体体积推导方法主要是棋验法，也就是通过使用长宽高都是1尺的正方体、阳马和堑堵的拼合或分解来推导、验证多面体的体积公式。因此，这三种理想模型，也就是所谓的三品棋在其中占据着中心的位置。对圆体体积的推导则靠比较其底面积。

而刘徽多面体体积理论的基础是刘徽原理。在用极限思想和无穷小分割方法完成刘徽原理的证明之后，刘徽指出鳖臑是解决多面体体积问题的根本。刘徽为求方锥、方亭、刍甍、刍童、羡除等多面体的体积，都要通过有限次分割，将其分割成长方体、堑堵、阳马、鳖臑等体积公式已经得到证明的立体图形，再求其体积之和解决问题。至于圆体体积，则是通过比较每一层的面积解决的。刘徽的体积理论系统如第107页图所示。

近代数学大师高斯曾提出猜想，认为多面体体积的解决不借助于无穷小分割方法是不可能的。刘徽把多面体体积理论建立在无穷小分割基础上的思想，与现代数学的体积理论惊人一致。

刘徽的数学之树

在近代，人们常把数学描绘成一棵树的样子。在树根上标着代数、平面几何、三角、解析几何和无理数。从这些树根长出强大的树干——微积分。然后，从树干的顶端生出许多枝条，包括高等数学所有的各个分支。实际上，早在1700多年前，刘徽就把数学看成一株"枝条虽分而同本干"的大树。刘徽说，这棵数学之树"发其一端"。这个端是什么呢？刘徽说"至于世代所传的方法，只不过是规矩、度量中那些可以得到并且有共性的东西"。规矩代表空间形式，度量代表数量关系。这就是说，世代相传的数学方法是客观世界的空间形式和数量关系的统一。规矩、度量可以看成是刘徽的数学之树的根。数学方法由规矩、度量产生。这反映了中国古代数学形数结合，几何问题与算术、代数密切结合的特点。

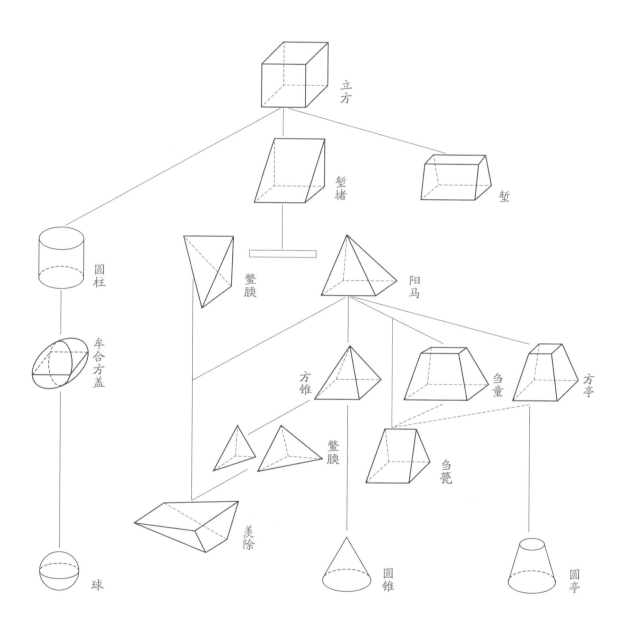

立方

堑堵

堑

圆柱

鳖臑

阳马

牟合方盖

方锥

刍童

方亭

球

鳖臑

刍甍

羡除

圆锥

圆亭

　　刘徽的数学之树从规矩、度量这两条根生长出来，统一于数，由此产生出数量的运算这个主干。从不加证明而承认其为真理的长方形面积公式、长方体体积公式以及率的定义出发，引出整数四则运算、分数四则运算、今有术，又引出衰分术、均输术、盈不足术、开方术、方程术、面积问题、体积问题，以及勾股测望问题等主要枝条，这些主要枝条又分出各种数学方法作为更细的枝条，最终形成了一株枝叶繁茂、硕果累累的大树。

　　刘徽的数学体系是从《九章算术》的数学框架发展起来的，它继承了《九章算术》全部正确的内容，又加以改造、补充，从而奠定了中国古典数学的理论基础。

第七章

历代对《九章算术》的研究

和《九章算术》的版本

历代对《九章算术》的研究

史书记载《九章算术》成书之后至刘徽为其作注时的三四百年间，研究《九章算术》的学者很多，如许商、杜忠、刘歆、马续、张衡、蔡邕、陈炽、王粲，还有刘洪及其弟子郑玄、徐岳、阚泽等。他们涉及《九章算术》的著作均失传，只有赵爽《周髀算经注》仍然传世。

祖冲之父子与《缀术》

祖冲之

祖冲之（429—500），南朝宋、齐数学家、天文学家、机械制造专家，字文远。祖籍范阳遒县（今河北省涞水县），西晋末年其曾祖率家南迁。他少年时聪明好学，长于数学。青年时直华林学省（学术机关），后任南徐州（今江苏省镇江市）从事史、娄县（今江苏省昆山市）令。入齐，官至长水校尉。他曾注《九章算术》，撰《缀术》，均亡佚。据《隋书·律历志》记载，南朝刘宋末年，祖冲之进一步求出更精确的圆周率，以圆的直径1亿作为1丈，那么圆周的过剩数为3丈1尺4寸1分5厘9毫2秒7忽，不足数为3丈1尺4寸1分5厘9毫2秒6忽，这相当于 $3.1415926 < \pi < 3.1415927$。他又求出密率$\frac{355}{113}$，约率$\frac{22}{7}$，在世界上领先其他国家约千年。

祖暅之

祖冲之还创造了求解负系数三次方程的方法。《缀术》应该是比刘徽注水平更高的著作，但遗憾的是，由于隋唐算学馆的教官对其"莫能究其深奥，是故废而不理"而失传。

祖冲之在33岁时制定了当时最准确的《大明历》，首先引入岁差，其日月运行周期的数据比以前的历法更为准确，却遭到皇帝宠臣戴法兴的攻讦，祖冲之便撰《驳议》，据理驳斥。他不畏权贵，坚持科学真理，反对"虚推古人"，是科学史上的杰出篇章。在其子祖暅之的努力下，《大明历》在南朝梁得以颁行。

祖冲之还曾改造指南车、水碓磨、千里船、木牛流马、欹器，并通晓音律。他还注释过《周易》《老子》《庄子》《论语》，又著《安边论》等，但如今这些书籍均已失传。只有《述异记》还有辑本流传。数学史家严敦杰撰有《祖冲之科学著作校释》，校释了祖冲之现存著作及有关祖冲之父子的史料。

祖暅之，一作祖暅，字景烁，生卒年不详，南朝齐、梁数学家、天文学家。据说他聚精会神之时，因太过专心连雷霆声都听不见。有一次他走路思考问题，撞到仆射徐勉身上，徐勉唤他，他方才回过神来，被传为佳话。

祖暅之梁天监六年（507年）改进了当时的计时器——漏壶，并撰《漏刻经》，还尝作《浑天论》，造铜圭影表，撰《天文录》三十卷。祖暅之位至大舟卿、南康太守。梁普通六年（525年），祖暅之被北魏俘虏，但在那里受到了优待。在回到南方前，祖暅之将数学天文的方法传授给了数学家信都芳，提高了北朝的数学、天文水平。祖暅之创立的开立圆术，被李淳风等为《九章算术》作注时引用，在刘徽的基础上提出了祖暅之原理，求出了牟合方盖的体积，彻底解决了球体体积问题。

水碓磨

王孝通、李籍

① 王孝通

王孝通，籍贯、生卒年不详，隋至唐初的数学家、天文学家，曾任太史丞、算学博士。唐武德六年（623年），他受诏校正傅仁均历。他的这项工作是有贡献的，但同时，他在天文历法上也固守着一些过时的做法。他撰《缉古算经》一卷，绝大多数问题要列出三次、四次方程解答。由于《缀术》失传，《缉古算经》成为中国数学史上最早记载三次、四次方程的著作。他蔑视几乎所有的数学家，指责祖冲之的《缀术》"全错不通"，虽表彰刘徽为"一时独步"，又说他"未为司南"，却自诩自己的著作是"千金方能排一字"，认为自己的方法"后代无人知者"。像他这样自以为前无古人，后无来者，不足为训。

② 李籍

唐中叶李籍撰《九章算术音义》，对《九章算术》几百条字、词注反切，释其词义，对后人理解《九章算术》的内容有一定帮助。此外，它保存了《九章算术》在唐中叶许多抄本的版本资料，对考察现今各传本的版本异同、嬗递极为宝贵。

宋元时期

① 贾宪《黄帝九章算经细草》

11世纪上半叶，北宋贾宪撰《黄帝九章算经细草》九卷、《算法敩（xiào）古集》二卷，后者已失传。前者今存衰分章后半章、少广章（见《永乐大典》）、商功章（约半章）、均输章、盈不足章、方程章、勾股章（见宜稼堂本《详解九章算法》），约占全书的三分之二。这是宋元筹算高潮的奠基性著作，贾宪在其中提出了"立成释锁法"，将传统开方法推广到开任意高次方。他首创"开方作法本源"，今称贾宪三角，即西方后来的帕斯卡三角，但帕斯卡已是17世纪时的人物。他还创造了增乘开方法，以随乘随加代替一次使用贾宪三角的系数，是更加简捷，更加程序化的开方法。这二者在阿拉伯世界和西方都又过了数百年才出现。贾宪在刘徽基础上进一步抽象了《九章算术》的一些术文，还提出了若干新的解法。

② 沈括

北宋的沈括（1031—1095）在《梦溪笔谈》中研究了《九章算术》的弧田术，提出了已知弧田（弓形）的矢长与所在圆的直径，求弦长和弧长方法的会圆术。他还研究了刍童的体积公式，认为不能用它计算酒坛等堆垛中的个数，于是又创造了隙积术，开创了垛积术即高阶等差级数求和这一中国古典数学新分支。

沈括

③ 杨辉《详解九章算法》

杨辉，钱塘（今浙江省杭州市）人，南宋末年在台州（今浙江省）等地做过地方官，清正廉洁。他于景定二年（1261年）撰《详解九章算法》十二卷，还著有《日用算法》（1262年，残）、《乘除通变本末》（1274年）、《田亩比类乘除捷法》（1275年）、《续古摘奇算法》（1275年），后三种后来合并为《杨辉算法》。《详解九章算法》今存衰分章后半章、少广章（见《永乐大典》）、商功（约半卷）、均输、盈不足、方程、勾股等章及纂类章，它在《九章算术》中选取了80个问题，进行详解，发展了沈括的隙积术，提出了几个二阶等差级数求和公式。其末卷"纂类"将《九章算术》的算法和246个问题分成乘除、互换、合率、分率、衰分、叠积、盈不足、方程、勾股等9类。尽管有的分类仍不尽合理，但他这种试图按数学方法进行的分类，首次突破了《九章算术》的框架，堪称创举。此外，杨辉在《乘除通变本末》中提出了中国数学史上第一个数学教学计划"习算纲目"。

杨辉

④ 秦九韶、李冶、朱世杰

南宋秦九韶和金元李冶、朱世杰等都精通《九章算术》。李冶将《九章算术》勾股容圆术基础上发展起来的洞渊九容，演绎成勾股容圆的专题著作《测圆海镜》。他认为，各种数学著作"无虑百家，然皆以《九章》为祖"。

《九章算术》在明代的厄运

到了明代，除了珠算有所发展，传统数学开始衰落，很多大数学家甚至无法理解宋元数学的重大成就。汉唐十部算经除《周髀算经》外都没有刊刻出版。《九章算术》也在明代遭遇了前所未有的厄运。

首先，尽管《永乐大典》分类抄录了《九章算术》的全部内容，但藏于深宫，一般人读不到。《九章算术》的南宋本到清初只剩半部，被藏书家当作古董收藏了起来。清初大数学家梅文鼎曾找到这位藏书家，请求他准许自己阅读这半部《九章算术》，但只被人监视着看了卷一方田章，便不许再看了。

其次，明代尽管以《九章》命名的著作颇多，如吴敬《九章算法比类大全》（1450年），即使是书名没有"九章"二字，如王文素的《算学宝鉴》（1524年）、程大位的《算法统宗》（1592年）等，其结构仍不脱《九章算术》的格局。可是，他们都读不到《九章算术》，甚至将贾宪、杨辉补充的题目误认为是《九章算术》原作中的内容。

《九章算术》的版本

《九章算术》不仅版本多，而且文字歧异讹舛特别严重。

抄本

《九章算术》长期以抄本的形式流传，李籍《九章算术音义》所用字词表明，在唐中叶存在不少内容基本一致而又有若干细微差别的抄本，但是现在均已失传。李籍所使用的抄本与明《永乐大典》本的母本十分接近，或者很可能就是同一个抄本。南宋本、杨辉本的母本比较接近，或者就是同一个母本，但又与《永乐大典》的抄本有所不同。此外也还有其他抄本。

传本

北宋元丰七年（1084年）秘书省刊刻《九章算术》等汉唐算经，可惜在北宋末年的战乱中大都散失，现在已经失传。《九章算术》的现传本有如下几种。

① 南宋本及汲古阁本

南宋历算学家鲍澣（huàn）之于庆元六年（1200年）在临安发现北宋秘书省刻本《九章算经》，随即翻刻。可惜到明末，后四卷及刘徽序已遗失，原本今藏于上海图书馆。这是世界上现存最早的印刷本数学著作。北京文物出版社1980年曾将其影印，收入《宋刻算经六种》。

清康熙二十三年（1684年）汲古阁主人毛扆（yǐ，毛晋次子）影抄了南宋本1—5卷，为汲古阁本。北平故宫博物院1932年将该版收入《天禄琳琅丛书》。其原本今藏于台北故宫博物院。汲古阁本有若干字词与南宋本不同，如南宋本商功章"今粗疏"，汲古阁本讹作"今租疏"，微波榭本进而讹作"祖"，清李潢认为此"祖"是祖冲之。由此还引发了20世纪50年代数学史界关于圆周率近似值 $\frac{3927}{1250}$ 的计算者是刘徽还是祖冲之的大辩论。

② 《永乐大典》本

明永乐六年（1408年）编订《永乐大典》，《九章算术》被分类抄入"筭"（suàn）

字条，是为《永乐大典》本。它在清末散佚，今存卷一六三四三、一六三四四，现藏于英国剑桥大学图书馆，其中分别包含《九章算术》卷三下半卷和卷四的内容。北京中华书局1960年出版影印本，收入中华书局《永乐大典》，1993年收入郭书春主编的《中国科学技术典籍通汇·数学卷》第一册。

校勘本

清中叶以来，《九章算术》的校勘本有以下几种。

① 戴震校本

1.1 戴震辑录校勘本与四库本、聚珍版

清乾隆三十九年（1774年），戴震在四库全书馆从《永乐大典》辑录出《九章算术》，但如今已经失传。不过，以四库文津阁本为底本，以聚珍版和四库文渊阁本参校，基本上可以恢复之。戴震对其进行了校勘，提出了大量的正确校勘，不过也有若干错校，包括原文不误而误改者与原文确有舛误而校改亦不当者，以至于戴震辑录本与《永乐大典》本的差别远远超过《永乐大典》本与南宋本的差别，给《九章算术》造成严重的版本混乱。

《四库全书》本《九章算术》以戴震辑录校勘本为底本，自乾隆四十年（1775年）起共抄七部。一部原藏于承德避暑山庄文津阁，现藏于国家图书馆，2005年由商务印书馆影印出版，这是戴校诸本中最准确的一部。后又抄成三部，藏于皇宫文渊阁、沈阳文溯阁和圆明园文源阁。文渊阁本错讹严重，今藏于台北故宫博物院，1986年台北商务印书馆曾影印出版。文溯阁本现藏于甘肃图书馆。乾隆五十四年（1789年）又抄成三部，均毁于战火。

乾隆四十年，清宫武英殿将《九章算术》等用活字印刷，收入《钦定武英殿聚珍版丛书》，世称聚珍版。聚珍版有一乾隆御览修订本，原藏于承德避暑山庄，今藏于南京博物院。1993年影印收入郭书春主编《中国科学技术典籍通汇·数学卷》第一册。

1.2 豫簪堂本和微波榭本

乾隆四十一年（1776年）秋，戴震以辑录本为底本，前五卷以汲古阁本参校，重新整理《九章算术》，由屈曾发刻成豫簪堂本。

接着，前五卷以汲古阁本、后四卷和刘徽序以戴震辑录本为底本，戴震又整理出另一本《九章算术》，由孔继涵刻入微波榭本《算经十书》。孔继涵以此本冒充北宋秘书省

刻本的翻刻本，并将刻书年代印成乾隆三十八年，以欺世人。此本后被多次翻刻、影印。

在豫簪堂本和微波榭本中，戴震只保留了辑录校勘本中的三十余条校勘记，而将他的大多数校勘冒充《九章算术》原文，还对《九章算术》做了大量修辞加工，进一步造成了《九章算术》版本混乱。

② 戴震和李潢共同影响下的刊本

2.1 李潢《九章算术细草图说》

清李潢（？—1812）的《九章算术细草图说》以微波榭本为底本作细草图说，提出大量校勘，其中部分是对的，但也有错校。他未能理解刘徽的极限思想和无穷小分割方法。

2.2 补刊本和广雅书局本"聚珍版"

目前冠以《钦定武英殿聚珍版丛书》名号的《九章算术》多数是福建光绪十九年（1893年）根据李潢的《九章算术细草图说》修订的聚珍版补刊本，以及光绪二十五年（1899年）广东广雅书局翻刻的聚珍版补刊本。其中不仅采用了李潢的校勘，而且通过微波榭本渗进了汲古阁本的文字。因此，在使用时需要认真考察，否则容易张冠李戴。

③ 钱校本

钱宝琮校点的《九章算术》被收入中华书局1963年出版的《算经十书》上册。钱校本纠正了戴震、李潢等人的大量错校，提出了若干正确的校勘，指出微波榭本是戴震校本，揭露了孔继涵的骗局。然而钱校本以微波榭本在清光绪庚寅年（1890年）的翻刻本为底本，沿袭了戴校本的大量失误，并把汲古阁本等同于南宋本，把广雅书局本等同于聚珍版，将近20条李潢的校勘说成"聚珍版"的内容，另外，还存在一些错校。

④ 汇校本

20世纪80年代，笔者通过对近20个《九章算术》版本的校雠（chóu），发现戴震之后二百余年间，《九章算术》的版本十分混乱，错校极多，于是重新校勘了《九章算术》，于1990年由辽宁教育出版社出版。其前五卷以南宋本为底本，后四卷及刘徽序以戴震辑录本为底本，恢复了被戴震等人改错的南宋本、《永乐大典》本不误原文约450处，采用了戴震、李潢、钱宝琮等大量的正确校勘，重新校勘了若干原文确有舛错而前人校勘亦不恰当之处，并对若干原文舛误而前人漏校之处进行了校勘。此外，汇校本还汇集了近20

个不同版本的资料。

20世纪90年代出版的几部《九章算术》，要么抄袭或错校太多，要么曲解太多。

2004年辽宁教育出版社和台湾九章出版社出版的《匯校〈九章筭術〉》（增补版），2013年入选由国家新闻出版广电总局和全国古籍整理出版规划领导小组发布的首批向全国推荐的91种优秀古籍整理图书之一。2014年中国科学技术大学出版社出版的《九章筭術新校》，吸收了新的校勘成果和版本资料。

外文译本

《九章算术》本文早已被译成日文、俄文、德文等外文。含有刘徽注的外文译本有如下几种。

① 日译本

1980年日本出版了川原秀城的日译本《刘徽注〈九章算术〉》，刘徽注首次被译成外文。

② 英译本

沈康身等译本：Shen Kangshen, John N.Crossley and Anthony W.-C.Lun, *The Nine Chapters on the Mathematical Art.* (Oxford University Press and Science Press, 1999)，但其中有不少曲解刘徽注的地方。

汉英对照本：2013年辽宁教育出版社出版了郭书春校勘及译注、道本周（J. W. Dauben）和徐义保英译及注释的汉英对照《九章算术》（ *Nine Chapters on the Art of Mathematics* ）。

③ 中法双语评注本《九章算术》

在中法科学合作协议框架内，法国的力林娜（K.Chemla）和中国的郭书春完成了 *LES NEUF CHAPITRES :Le Classique mathématique de la Chine ancienne et ses commentaires* （《中法双语评注本〈九章算术〉》），2004年法国Dunod出版社出版。2006年获法兰西学士院平山郁夫奖，2018年入选中国改革开放40周年引才引智成果展。

关于作者

郭书春

1941年8月生于山东省青岛市胶州，1964年毕业于山东大学数学系。中国科学院自然科学史研究所研究员，国家学位委员会批准为博士生导师，国际科学史研究院通讯院士，曾任全国数学史学会理事长。享受政府特殊津贴。在中国古代最重要的数学经典《九章算术》及其刘徽注、宋元数学、秦汉数学简牍等研究中有突出贡献，为改变20世纪70年代中国数学史研究的中落状态做出了贡献。发表学术论文120余篇，著有《汇校〈九章算术〉》及其增补版、《九章筭术新校》《古代世界数学泰斗刘徽》《九章筭术译注》《中法双语评注本〈九章算术〉》（合作）等20余部学术著作。主编《中国科学技术典籍通汇·数学卷》《李俨钱宝琮科学史全集》（合作）、《中国科学技术史·数学卷》《中华大典·数学典》等10余部学术著作。几乎所有著作都被重印甚至多次重印，多次获国内外大奖。现作为首席专家主持国家社科基金重大项目"数学典籍刘徽李淳风贾宪杨辉注《九章筭术》研究与英译"。

关于本系列

　　"少儿万有经典文库"是专为8—14岁少年儿童量身定制的一套经典书系，本书系拥抱经典，面向未来，遴选全球对人类社会进程具有重大影响的自然科学和社会科学经典著作，邀请各研究领域颇有建树和极具影响力的专家、学者、教授，参照少年儿童的阅读特点和接受习惯，将其编写为适合他们阅读的少儿版，佐以数百幅生动活泼的手绘插图，让这些启迪过万千读者的经典著作成为让儿童走进经典的优质读本，帮助初涉人世的少年儿童搭建扎实的知识框架，开启广博的思想视野，帮助他们从少年时代起发现兴趣，开启心智，追寻梦想，从经典的原点出发，迈向广袤的人生。

本系列图书

《物种起源（少儿彩绘版）》

《天演论（少儿彩绘版）》

《国富论（少儿彩绘版）》

《山海经（少儿彩绘版）》

《本草纲目（少儿彩绘版）》

《资本论（少儿彩绘版）》

《自然史（少儿彩绘版）》

《天工开物（少儿彩绘版）》

《共产党宣言（少儿彩绘版）》

《天体运行论（少儿彩绘版）》

《几何原本（少儿彩绘版）》

《九章算术（少儿彩绘版）》

《化学基础论（少儿彩绘版）》

《梦溪笔谈（少儿彩绘版）》

即将出版

《徐霞客游记（少儿彩绘版）》《齐民要术（少儿彩绘版）》《乡土中国（少儿彩绘版）》